물리학실험 Ⅱ

Experimental Physics Ⅱ

물리학교재편찬위원(가나다순)

강경태, 노창석, 박정식, 배홍섭, 양기원, 조연정

물리학실험 Ⅱ

찍은 날 2022년 11월 28일 | **펴낸 날** 2022년 12월 1일
지은이 물리학교재편찬위원회
펴낸이 홍원화 | **펴낸 곳** 경북대학교출판부
출판등록 1973년 10월 10일 ㉶97호 | **주소** 대구광역시 북구 대학로 80
전화 053-950-3830 | **팩스** 053-953-4692 | **E-mail** press@knu.ac.kr
Homepage http://knupress.com
ISBN 978-89-7180-595-4 93420

정가는 뒤표지에 있습니다.
잘못 만들어진 책은 바꾸어 드립니다.

머리말

물리학은 실험적인 증거에 기초하여 자연의 보편적 법칙을 찾는 학문이다. 거시적인 대상뿐만이 아니라 원자 현미경이나 고에너지 가속기로 볼 수 있는 미시세계의 현상까지 다룬다. 이러한 넓은 학문 분야와 자연현상의 원리를 경험적으로 탐구하는 특성을 바탕으로 물리학은 현대 문명의 발전에 중추적인 역할을 하였으며 과학과 기술 분야의 기초가 되어 왔다. 따라서 물리학이 이공계 연구의 기초라는 것은 자명하다. 대부분의 대학에서는 순수과학뿐만이 아니라 공학을 전공하는 학생들에게 일반물리학과 일반물리학 실험을 이수하도록 하고 있다.

경북대학교 물리학과는 교육 현장에서의 오랜 경험을 바탕으로 물리학실험 책을 출간해 왔으며 이번에 새로운 판을 출간하게 되었다. 본 교재는 전자기학을 주제로 한 다양한 실험 내용을 담고 있으며, 물리학 이론 강의에서 배운 것을 실험적으로 증명할 수 있는 길잡이 역할을 하기 위해 집필되었다. 실험자는 본 교재와 실험장비를 기반으로 실험데이터를 얻어 분석하고, 실험결과의 의미를 추론함으로써 머릿속에 있는 지식이 아닌 직접 경험한 깨달음으로 물리학의 기본 개념을 학습하게 될 것이다.

경북대학교 물리학과는 급변하는 시대에 맞춰 물리학 실험의 내용과 운영 방식을 바꾸기 위해 노력하고 있다. 물리 실험에서 필수로 배워야 할 내용 외에도 물리학에 대한 이공계 학생들의 흥미와 관심을 이끌어 낼 수 있는 실험을 꾸준히 개발하고 있다. 이번 신판에서는 새로운 실험을 추가하고, 실험의 전반적인 내용을 다듬었으며, 기존 실험에 도입된 새로운 장비를 소개하고 그것에 대해 설명하였다.

이 책을 출판하기 위해 노력해 주신 경북대학교 물리학과 물리학교재편찬위원회 교수님들께 깊은 감사의 말씀을 드린다. 아울러 실질적인 업무를 맡아 애써 주신 교양교육센터 양기원 강의초빙교수님의 노고에 깊이 감사드린다.

부디 이 책으로 학습한 내용이 각 전공을 공부하는 데 든든한 밑거름이 되길 바란다.

2022년 10월

물리학교재편찬위원 조연정

목 차

제1장

서론

1-1 개요 및 실험보고서 작성 방법

1. 물리실험의 개요

자연현상에 대한 탐구는 관찰만으로는 불충분하며, 계획된 측정을 수반하는 실험이 필요하다. 특히 물리학은 실험결과를 종합적으로 해석하여 새로운 이론을 세우고 이를 실험을 통해 다시 증명하거나 혹은 이론에서 가정한 새로운 현상을 실험적으로 증명함으로써 발전해 왔다. 물리실험은 실험을 통하여 물리학의 기본원리와 법칙을 체득하고 더 나아가 물리학적 사고를 함양하는 동시에 자연현상의 원리를 더욱 잘 이해할 수 있도록 도와준다.

2. 실험 시 주의사항

① 실험은 대개 2~3명이 한 조가 되어 서로 협동하며 수행하는 것이 바람직하다. 다른 사람이 실험하는 것을 보고만 있지 말고, 실험·실습에 적극적으로 참여하도록 한다.

② 실험실 안전에 관한 자세한 설명을 듣고 조교의 지시를 충실히 따른다.

③ 실험교재와 예비보고서를 참고하여 미리 준비된 실험장치를 설치하고, 교재에 설명된 실험방법에 따라 실험을 수행한다. 교재에 제시된 기본실험은 조원들과 협의하여 반드시 직접 수행하여야 한다. 실험 중 문제가 있거나 실험과정에서 창의적으로 생각한 추가실험이 있을 경우 담당 조교의 도움을 받아 실험을 진행한다.

④ 조원들과 실험결과를 서로 토론하고 의견을 정리한 후 결과에 대한 보고서를 각자 작성하여 제출한다.

⑤ 실험기기를 다룰 때는 항상 안전에 주의하여야 한다. 실험을 마친 후 실험기기의 전원이 모두 꺼졌는지 확인한다.

⑥ 실험실은 많은 학생들이 공동으로 사용하는 공간이므로 실험을 마친 후에는 뒷정리를 깨끗이 하여 다음 학생들이 실험하는 데 지장이 없도록 해야 한다.

3. 실험보고서 작성

실험보고서 작성 시 다음 사항을 유의해야 한다.

① 모든 실험값은 측정된 대로 정확하게 기록해야 한다. 이때 모든 물리량의 단위를 빠뜨리지 말고 명기해야 한다.

② 그래프를 그릴 때는 데이터 스튜디오 같은 소프트웨어의 사용을 권장한다. 이때 x축과 y축의 물리량과 단위를 명시해야 한다.

③ 최소자승법을 이용해서 도출된 실험값은 이론적 함수의 형태로 맞춤(fitting)한다. 이를 이론적으로 예측되는 값과 비교한다. 또한 그래프에 나타나는 기울기가 어떤 물리학적 의미를 갖는지 생각해 본다.

④ 측정한 실험값에 대해서는 오차를 계산하고 오차의 원인이 무엇인지 조원들과 토의한다. 실험에서 발생한 오차의 원인과 실험 시 오차를 줄일 수 있는 방법 등을 결론에 설명한다.

[표 1] 예비보고서와 결과보고서를 분리하여 작성할 경우 보고서 양식

예비보고서. 실험 제목

학과 : 학번 : 이름 :

실험 날짜 : 공동 실험자 :

1. 실험목적
2. 이론
   - 실험목적에 맞는 이론적인 식을 이용하여 설명한다.
   - 실험결과에 필요한 이론적인 값을 구하고, 실험 시 이를 참고한다.
     (일반물리학 교재 참조)
3. 실험방법

결과보고서. 실험 제목

학과 : 학번 : 이름 :

실험 날짜 : 공동 실험자 :

1. 실험결과 및 분석
   - 실험데이터를 표로 작성(유효숫자와 단위에 주의하여 표기)
   - 실험데이터를 그래프로 작성하고 최소자승법을 사용하여 실험결과를 추론한 후 그래프의 물리적 의미를 생각해 본다.
   - 실험값과 이론값 간의 오차를 계산하고 오차의 원인과 실험결과를 분석하여 설명한다.
2. 실험결과에 대한 논의
   - 실험목적을 생각하며 실험결과를 이론적 예상값과 비교·분석한다.
   - 실험을 통해 알 수 있었던 사실과 실험결과를 바탕으로 예측할 수 있는 것, 실험적 한계, 추가 실험으로는 무엇이 필요한지 등에 대해 생각해 보고 이를 기재한다.

※ 리포트는 자유롭게 작성하되, 컴퓨터로 작성할 경우 다음 사항에 유의한다.

① 실험 제목, 수식, 표는 가운데 정렬로 나타낸다.

② 학과, 학번, 이름은 오른쪽 정렬로 표시하고 시작 글자의 위치를 일치시킨다.

③ 수식, 표, 그래프에는 번호와 간단한 설명을 덧붙인다.

1-2 실험데이터 및 오차

1. 물리량

물리량이란 자연현상을 객관적이고 정량적으로 기술하기 위해 도입된 것이다. 물리학의 모든 법칙은 물리량의 수학적 관계로 표현된다. 물리량은 기본물리량과 기본물리량의 조합으로 표현되는 유도물리량으로 구분된다. 어떤 실험자가 관측한 실험값을 다른 사람에게 설명하거나 같은 실험에 대해 다른 사람이 재현할 수 있는 실험결과를 얻기 위해서는 먼저 물리량에 대한 단위의 표준이 정의되어야 한다. 예를 들어 막대의 길이가 18.0cm 라면 길이의 기본단위인 1cm 를 정의해야 다른 사람이 막대의 길이를 정확하게 이해할 수 있다. 1881년 국제적으로 인정받는 CGS(Centimetre Gram Second) 단위계가 정해졌다. 하지만 그 단위는 실제로 사용하기에는 너무 작아서 1960년에 국제위원회에서 표준을 다시 제정하였다. 이를 SI 단위계(International System of Unit) 또는 MKS(Metre Kilogram Second) 단위계라 한다. 단위에는 일곱 가지의 물리량에 대한 기본단위와 기본단위들의 조합으로 만들어지는 유도단위가 있다.

1) 기본단위

기본단위는 길이, 질량, 시간, 온도, 전류, 물질의 양, 광도와 같은 일곱 가지 물리량에 관한 단위를 말한다. SI 단위계에서 길이, 질량, 시간은 각각 미터(m), 킬로그램(kg), 초(s)로 정의되며 온도는 캘빈(K), 전류는 암페어(A), 광도는 칸델라(cd), 물질의 양은 몰(mole) 단위로 표현된다.

[표 1] 일곱 가지 기본단위

이름	설명
초(s)	절대0도 상태인 세슘-133 원자의 바닥 상태에 있는 전자의 스핀이 반대 방향으로 바뀔 때 흡수·방출하는 빛이 9192631770번 진동하는 데 걸리는 시간으로 정의
미터(m)	빛이 진공에서 1/299792458초 동안 진행한 거리로 정의
킬로그램(kg)	백금 90%-이리듐 10% 합금으로 만든 르그랑K라는 물질의 1kg 질량으로 정의
암페어(A)	진공에서 1m 떨어진 이상적인 두 직선 도선에 흐르는 같은 크기의 전류가 1m당 2×10^{-7}N의 인/척력을 발생하게 하는 전류의 크기로 정의
켈빈(K)	물의 삼중점의 온도와 절대0도 사이를 273.16으로 나눈 크기로 정의
몰 (mol/mole)	탄소-12 12g의 원자 개수를 기준단위로 설정(1mol: 대략 6.0221367×10^{23}개)
칸델라(cd)	540×10^{12}Hz의 진동수를 가진 빛만을 방출하는 광원이 스테라디안당 1/683W의 에너지를 방출하는 정도의 광도로 정의

2) 유도단위

유도단위는 기본단위들의 조합으로 만들어지는 단위를 말한다. 아래의 표는 물리학에서 자주 사용하는 유도단위를 나타낸 것이다.

[표 2] 물리학에서 자주 사용하는 유도단위

물리량	단위	기호	다른 표기법	기본단위에 의한 표기
주파수, 진동수	헤르츠	Hz		s^{-1}
힘	뉴턴	N		$kg\cdot m\cdot s^{-2}$
압력, 기압, 변형력	파스칼	Pa	N/m^2	$kg\cdot m^{-1}\cdot s^{-2}$
에너지, 일, 열량	줄	J	N • m	$kg\cdot m^2\cdot s^{-2}$
일률, 복사속	와트	W	J/s	$kg\cdot m^2\cdot s^{-3}$
전하량, 전기량	쿨롱	C		A • s
전위, 기전력	볼트	V	W/A	$kg\cdot m^2\cdot A^{-1}\cdot s^{-3}$
전기용량	패럿	F	C/V	$A^2\cdot s^4\cdot kg^{-1}\cdot m^{-2}$
전기저항	옴	Ω	V/A	$kg\cdot m^2\cdot A^{-2}\cdot s^{-3}$

물리량	단위	기호	다른 표기법	기본단위에 의한 표기
전기전도도	지멘스	S	A/V	$A^2 \cdot s^3 \cdot kg^{-1} \cdot m^{-2}$
자력선속	웨버	Wb	V • s	$kg \cdot m^2 \cdot A^{-1} \cdot s^{-2}$
자력선속밀도	테슬라	T	Wb/m^2	$kg \cdot A^{-1} \cdot s^{-2}$
인덕턴스	헨리	H	Wb/A	$kg \cdot m^2 \cdot A^{-2} \cdot s^{-2}$
광선속	루멘	lm		cd • sr
광조도	럭스	lx	lm/m^2	$cd \cdot sr \cdot m^{-2}$
방사능	베크렐	Bq		s^{-1}

[표 3] 기타 관습적으로 사용하는 단위

명칭	기호	SI 단위와의 관계
평면각	라디안(rad)	
입체각	스테라디안(sr)	
도(degree)	°	$1° = (\pi/180)rad$
리터(liter)	l	$1l = 1000cm^3 = 10^{-3}m^3$
톤(ton)	t	$1t = 1000kg$
전자볼트	eV	$1eV \approx 1.602 \times 10^{-19}J$
원자질량	u	$1u \approx 1.66 \times 10^{-22}kg$
천문단위	Au	$1Au = 1.496 \times 10^{11}m$
옴스트롱	Å	$1Å = 10^{-10}m$
바	bar	$1bar = 0.1MPa = 10^5Pa$
퀴리	Ci	$1Ci = 3.7 \times 10^{10}Bq$
뢴트겐	R	$1R = 2.58 \times 10^{-4}C/kg$
에르그	erg	$1erg = 10^{-7}J$
다인	dyn	$1dyn = 10^{-5}N$
가우스	G	$1G = 10^{-4}T$
에르스텟	Oe	$1Oe = \frac{1000}{4\pi}A/m$

명칭	기호	SI 단위와의 관계
토르	torr	$1\text{torr} = \frac{101325}{760}\text{Pa}$
대기압	atm	$1\text{atm} = 101325\text{Pa}$
칼로리	cal	$1\text{cal} = 4.1868\text{J}$
마이크론	μ	$1\mu = 10^{-6}\text{m}$

2. 유효숫자

실험에서 측정값은 실험적 불확실성의 범위 내에서만 의미가 있다. 이러한 불확실성의 정도는 실험장치의 성능, 실험자의 능력, 실험 횟수 등 여러 가지 요인에 의해 영향을 받는다. 측정값을 숫자로 표현할 때 정확도를 높이기 위해 신뢰할 수 있는 범위의 자릿수만을 표시하는 방법이 유효숫자 표현이다.

예 123 ⇨ 유효숫자의 개수: 3

3.14 ⇨ 유효숫자의 개수: 3

23400 ⇨ 유효숫자의 개수가 3개일 때 2.34×10^4

(4 뒤에 붙어 있는 0은 의미 없는 숫자)

0.001230 ⇨ 유효숫자의 개수가 4개일 때 1.230×10^{-3}

(1 앞에 붙어 있는 0은 의미 없는 숫자)

덧셈이나 뺄셈의 경우에는 소수점 이하의 자릿수를 고려하여 계산한 값의 유효숫자를 결정하여야 한다. 숫자를 더하거나 뺄 때 결과의 소수점 이하 자릿수는 계산 과정의 숫자 중 소수점 이하의 자릿수가 가장 작은 자릿수와 같아야 한다. 따라서 덧셈이나 뺄셈에서 유효숫자의 수를 줄여야 할 경우에는 반올림한다.

예 123 + 5.35 = 128.35 (×) ⇨ 128 (○)

(3) (3) (5) (반올림하여 3개로 만들면)

123 - 5.35 = 117.65 (×) ⇨ 118 (○)

(3) (3) (5) (반올림하여 3개로 만들면)

곱셈과 나눗셈의 경우에는 유효숫자의 개수에 유의하여 계산해야 한다. 여러 개의 수를 곱할 때, 계산값의 유효숫자는 곱하는 값 중에서 가장 작은 유효숫자의 개수와 일치시킨다. 나눗셈의 경우도 마찬가지이다. 아래의 수식에서 괄호 안의 숫자는 유효숫자의 개수를 표시한 것이다.

예 45 × 55 = 2475 (×) ⇨ 2500 ⇨ 2.5 × 103 (○)

(2) (2) (4) (반올림하여 유효숫자 2개로 표현)

453 / 42 = 10.7857 (×) ⇨ 11 (○)

(3) (2) (6) (반올림하여 유효숫자 2개로 표현)

[표 4] 10의 지수를 나타내는 접두어

지수	접두어	약호
10^{-18}	atto	a
10^{-15}	femto	f
10^{-12}	pico	p
10^{-9}	nano	n
10^{-6}	micro	μ
10^{-3}	milli	m
10^{-2}	centi	c
10^{-1}	deci	d
10^{1}	deca	da
10^{2}	hecto	h
10^{3}	kilo	k
10^{6}	mega	M
10^{9}	giga	G
10^{12}	tera	T

지수	접두어	약호
10^{15}	peta	P
10^{18}	exa	E

3. 오차계산

실험값과 이론값의 차이는 실험장치의 오차나 실험자의 실수로 인한 오차 때문에 나타난다. 실험에서 발생하는 오차를 줄이려면 항상 주의를 기울여 실험해야 한다. 일반적으로 오차는 실험장치의 부정확성으로 인한 계통오차(systematic error)와 반복 측정할 때마다 다른 결과를 얻게 되는 측정값들의 변동으로 인한 통계오차(statistical error)로 구분한다. 예를 들어 카트의 길이를 센티미터 자로 측정할 경우 눈금 이하 길이의 측정값은 부정확하며 오차가 발생한다. 한편 반복 측정에 의한 평균을 취하면 측정오차를 줄일 수 있으므로 항상 동일한 조건에서 실험을 반복하도록 노력해야 한다.

1) 평균

$$x = \frac{\sum_{i}^{n} f_i x_i}{\sum_{i}^{n} f_i}$$

x_i : 실험값　　f_i : 실험값 x_i의 빈도수

2) 실험오차

$$\frac{|\text{예상값} - \text{실험값}|}{\text{예상값}} \times 100\,[\%]$$

3) 편차

(1) 평균편차(오차)

동일한 양을 여러 번 독립적으로 측정할 때 생기는 오차이다. 최종 실험값은 여러 번에

걸친 실험값의 평균값이므로 각 실험값은 평균값에서 벗어나는 정도, 즉 오차를 갖는다. 평균편차는 다음과 같이 구할 수 있다.

① 여러 실험값(n)의 평균값을 구한다.
② 여러 실험값과 위 평균값 사이의 편차를 구하여 절대값을 취한다.
③ 위에서 구한 편차의 평균을 구한다.

$$< \Delta x >= \sum_{i}^{n} \frac{|\ \Delta x_i \ |}{n}$$

(2) 표준편차

표준편차는 편차의 제곱을 합한 값을 평균하여 제곱근으로 표시한다.

$$\sigma = \sqrt{\frac{1}{n}\sum_{i}^{n}(x_i - x)^2}$$

예제 1 중력가속도를 측정한 실험값이 아래와 같이 나타난 경우의 평균, 실험오차, 평균편차, 표준편차를 구하라. 이론값은 $9.8\mathrm{m/s^2}$이다.

실험값	9.00	9.50	10.0	10.5
빈도수	1	2	2	1

평균 = $\dfrac{9.00 \times 1 + 9.50 \times 2 + 10.0 \times 2 + 10.5 \times 1}{2} = 9.75$

실험오차 = $\dfrac{9.8 - 9.75}{9.8} \times 100 = 0.51\%$

평균편차

$$= \frac{(9.75 - 9.00) \times 1 + (9.75 - 9.50) \times 2 + (9.75 - 10.0) \times 2 + (9.75 - 10.5) \times 1}{6} = 0.42$$

표준편차

$$= \sqrt{\frac{(9.75 - 9.00)^2 \times 1 + (9.75 - 9.50)^2 \times 2 + (9.75 - 10.0)^2 \times 2 + (9.75 - 10.5)^2 \times 1}{6}} = 0.48$$

4) 오차의 전파(Probable experimental error)

최종 실험값이 여러 실험값의 조합으로 나타날 때에는 최종 오차를 구해야 한다. 이 경우 최종 실험값은 대개 여러 실험값의 함수로 표현된다. 가능실험오차는 아래와 같이 계산한다.

① 여러 실험량에 대한 최종 실험량(N)의 전미분을 구한다.

② 상대적인 값을 구하기 위해 위에서 구한 것을 최종 실험량으로 나눈다.

③ 모든 dx_i를 Δx로 고치고 실험값과 이론값 간의 차이의 절대값을 구하기 위하여 Δ 앞에 있는 -는 +로 고친다. 여기서 Δx_i는 x_i를 측정할 때 생기는 오차이다.

④ 최종 실험값(N)은 다른 실험값(A, B, C, $\cdots$)을 편미분한 값의 절대값을 합한 값으로 표현된다.

$$dN = \left|\frac{\partial N}{\partial A}\right| + \left|\frac{\partial N}{\partial B}\right| + \left|\frac{\partial N}{\partial C}\right| + \cdots$$

예제 2 $N = \dfrac{AB^4}{C\sqrt{D}}(E-F)$로 표현되는 N값을 실험으로 구하라. 여기서 A, B, C, D, E, F는 실험으로 구해야 하는 양들이다.

$$\text{(a)}\ dN = \frac{B^4}{C\sqrt{D}}(E-F)dA + \frac{A}{C\sqrt{D}}(E-F)4B^3dB - \frac{AB^4}{\sqrt{D}}(E-F)\frac{dC}{C^2} - \frac{AB^4}{C}(E-F)\frac{1}{2}\frac{dD}{\sqrt[3]{D}} + \frac{AB^4}{C\sqrt{D}}dE - \frac{AB^4}{C\sqrt{D}}dF$$

$$\text{(b)}\ \frac{dN}{N} = \frac{dA}{A} + 4\frac{dB}{B} - \frac{dC}{C} - \frac{1}{2}\frac{dD}{D} + \frac{dE}{E-F} - \frac{dF}{E-F}$$

$$\text{(c)}\ \frac{\Delta N}{N} = \frac{\Delta A}{A} + 4\frac{\Delta B}{B} + \frac{\Delta C}{C} + \frac{1}{2}\frac{\Delta D}{D} + \frac{\Delta E}{E-F} - \frac{\Delta F}{E-F}$$

A, B, C, D, E, F는 이론값 또는 계산될 수 있는 값이며 ΔA, ΔB, ΔC, ΔD, ΔE, ΔF는 위의 평균편차의 계산값이다. 이들을 위 식에 넣으면 $\dfrac{\Delta N}{N} \times 100[\%]$의 값, 즉 가능실험오차를 계산할 수 있다.

예제 3 x, y의 이론값은 각각 10, 20이며 평균편차는 각각 1, 2로 나타난다. 이 실험에서 여러 실험값으로 표현되는 실험값이 함수 $A(x,y) = x+y$, $x\times y$, $3x^2$, $3e^{2x}$, $3\log(2x)$로 나타날 경우 각각의 가능실험오차를 구하라.

(a) $A(x,y) = x+y$

$$\frac{dA}{A}\times 100 = \left(\frac{dx}{x+y} + \frac{dy}{x+y}\right)\times 100 = \left(\frac{1}{30} + \frac{2}{30}\right)\times 100 = 10\%$$

(b) $A(x,y) = x\times y$

$$\frac{dA}{A}\times 100 = \left(\frac{dx}{x} + \frac{dy}{y}\right)\times 100 = \left(\frac{1}{10} + \frac{2}{20}\right)\times 100 = 15\%$$

(c) $A(x,y) = 3x^2$

$$\frac{dA}{A}\times 100 = \frac{3\times 2x\times dx}{3x^2}\times 100 = \frac{2}{10}\times 1\times 100 = 20\%$$

5) 최소자승법

최소자승법은 편차 Δy_i의 제곱값의 합을 최소로 만드는 것으로, 실험값들의 결과를 최적화한다. 최소자승법의 구체적인 계산 방법은 부록에 자세히 설명되어 있다. 한편 최근에는 컴퓨터를 활용한 데이터 처리가 보편화되어 컴퓨터 프로그램을 이용하면 쉽게 최소자승법을 실행할 수 있다. 예를 들어 Data Studio, 마이크로소프트 엑셀, 오리진 등 다양한 데이터 처리 소프트웨어의 추세선이나 맞춤(fitting) 기능을 이용하면 소프트웨어가 수학적 계산을 처리하여 최적의 결과값을 제시한다. 따라서 실험보고서를 작성할 때에도 데이터 처리 소프트웨어를 사용하여 실험데이터를 그래프로 그린 다음 추세선 기능을 사용하면 실험결과와 이론적 예상치를 쉽게 비교·분석할 수 있다. [그림 1]에서 점은 실험데이터를 그래프로 그린 것이고, 직선은 1차 선형 함수로서의 추세선을 그린 예제이다. 이 방법을 사용하면 실험에서 측정한 데이터의 기울기와 y절편의 값을 보다 정확하게 구할 수 있다.

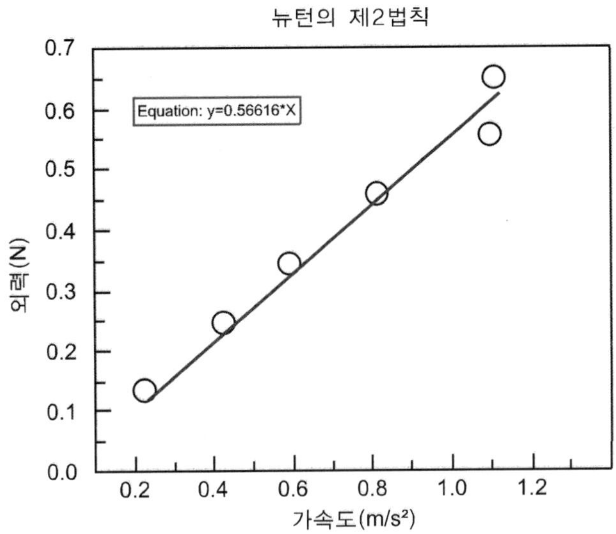

[그림 1] 최소자승법을 이용한 추세선(fitting)

제2장

실험

실험1 전기력

1. 목적

대전된 막대와 스티로폼, 종이, 도체구, 금속캔, 막대 사이의 전기력을 관찰하고, 대전된 두 개의 도체구 사이에 작용하는 전기력을 알아보자.

2. 이론

건조한 날에 빗으로 머리를 빗으면, 머리카락이 빗에 끌어당겨지는 것을 볼 수 있다. 이는 정전기 현상이며, 물질이 이러한 모습을 보인다면 이 물질은 전기적 특성을 갖는다고 한다. 두 물체를 접촉하여 문지르면서 물체에 전기적 성질을 띠게 하는 것을 '대전'시킨다고 한다. 예를 들어 유리 막대를 명주 천으로 문지른 뒤 유리 막대를 스티로폼에 가까이 가져가면 스티로폼이 달라붙는다. 하지만 습도가 높으면 우리 몸에 쌓인 전하가 지구로 잘 흐르기 때문에 이런 현상이 잘 일어나지 않는다.

[그림 1]과 같이 명주 천에 문지른 고무 막대가 줄에 매달려 있는 경우를 살펴보자. [그림 1(a)]와 같이 명주 천으로 문지른 유리 막대를 고무 막대 가까이 가져가면 두 막대가 서로 끌어당긴다. 반대로 [그림 1(b)]와 같이 대전된 두 개의 고무 막대(또는 두 개의 유리 막대)를 서로 가까이 가져가면 두 막대가 서로를 밀어낸다. 이 실험은 고무 막대와 유리 막대가 서로

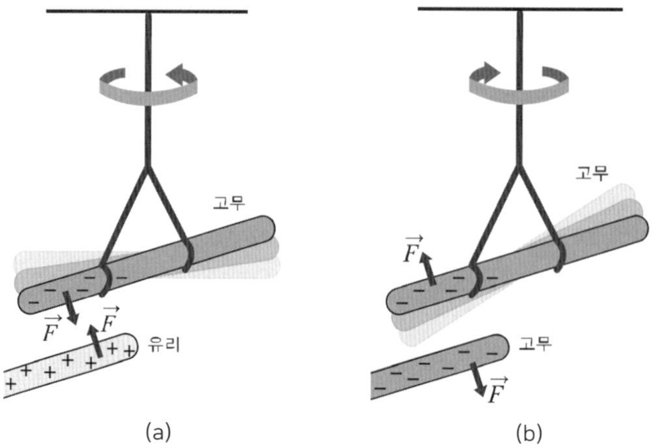

[그림 1] (a) 고무 막대와 유리 막대, (b) 고무 막대와 고무 막대

다른 종류의 전하를 가지고 있으며, 두 막대 사이에 전기력이 작용한다는 것을 보여 준다. 즉, 같은 종류의 전하는 서로 밀어내고 다른 종류의 전하는 서로 끌어당기는 것을 알 수 있다. 음전하로 대전된 고무 막대에 끌리거나 양전하로 대전된 유리 막대에 밀리는 대전체는 양전하를 띠며, 음전하로 대전된 고무 막대에 밀리거나 양전하로 대전된 유리 막대에 끌리는 대전체는 음전하를 띤다.

유리나 고무는 절연체에 속한다. 이러한 물질이 마찰에 의하여 대전되면, 문지른 부분만 전하를 띠며 전하가 물질의 다른 영역으로 이동할 수 없다. 이에 비하여 구리, 알루미늄, 은 등은 도체이다. 도체 내에서 전자는 자유롭게 이동할 수 있기 때문에 도체의 일부가 대전되면, 이 전하는 즉시 도체의 표면 전체로 퍼진다.

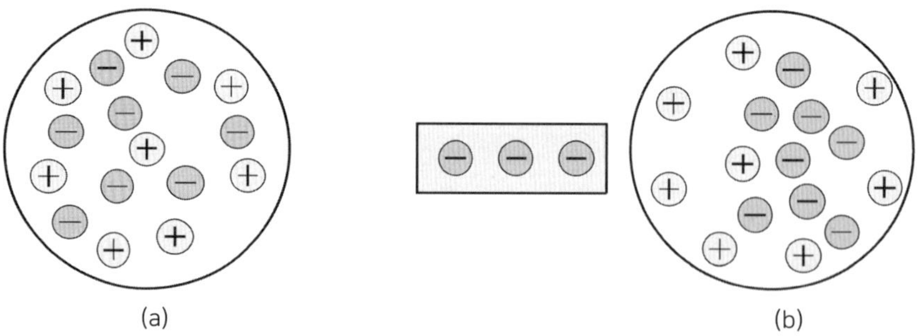

[그림 2] (a) 양성자와 전자의 개수가 같은 구, (b) 음으로 대전된 고무 막대와 구

[그림 2(a)]에서 보는 바와 같이, 구형 물체는 많은 원자로 이루어져 있다. 만약 구의 전하량이 정확히 0이라면, 물체의 전자와 양성자의 수는 동일하다. [그림 2(b)]와 같이 음전하로 대전된 고무 막대를 구에 가까이 가져가면, 막대에 가까이 있던 전자는 척력을 받아서 막대에서 먼 쪽으로 이동하게 된다. 이러한 전자의 이동으로 인해 고무 막대에 가까운 영역에는 전자의 수가 감소하고 양전하가 남는다. 이와 같이 고무 막대는 구와 접촉하지 않고 구에 근접하여 유도에 의하여 물체를 대전시킬 수 있다.

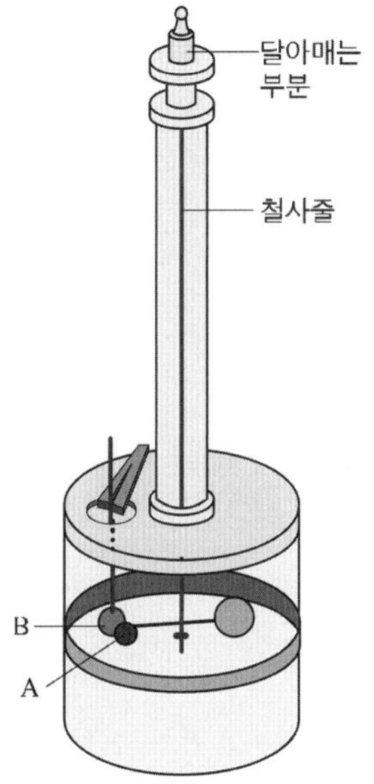

[그림 3] 쿨롱의 비틀림 저울

쿨롱은 비틀림 저울을 사용하여 대전된 두 물체 사이에 작용하는 전기력의 크기를 측정하였다. [그림 3]과 같이 대전된 구 A와 B 사이의 전기력에 의해 매달린 줄이 비틀어지게 된다. 이 비틀어진 줄의 복원력은 줄이 회전한 각도에 비례하므로 이 각도를 측정하면 전기력의 크기를 구할 수 있다. 두 구 사이에서 측정된 전기력은 만유인력보다 훨씬 크기 때문에 만유인력의 영향은 무시할 수 있다. 두 점전하 사이에 작용하는 전기력의 크기는 식 (1)의 쿨롱의 법칙으로 나타낸다.

$$F_e = k_e \frac{|q_1||q_2|}{r^2} \tag{1}$$

쿨롱 상수: $k_e = 8.9876 \times 10^9 \mathrm{N\ m^2/C^2}$

$$k_e = \frac{1}{4\pi\epsilon_0} \quad where, \quad \epsilon_0 = 8.8542 \times 10^{-12} \mathrm{C^2/N\ m^2}$$

ϵ_0: 자유공간의 유전율(permittivity of free space)

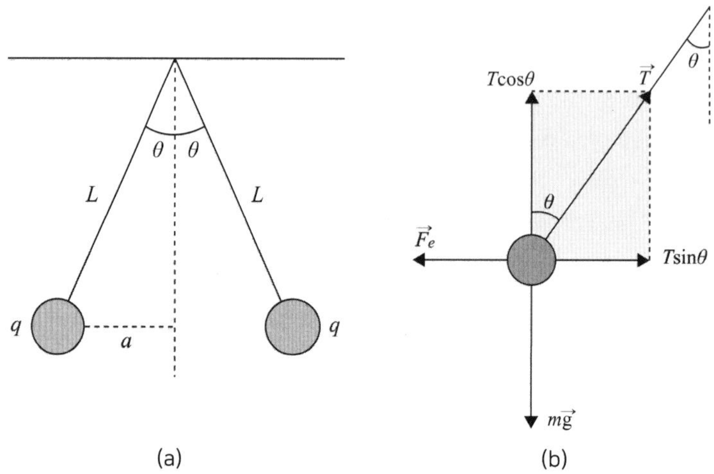

[그림 4] (a) 천장에 연결된 줄에 매달린 대전된 두 개의 공, (b) 공에 작용하는 힘의 분해

질량(m)이 동일한 두 개의 공이 [그림 4(a)]와 같이 천장의 같은 지점에서 줄에 매달려 있다. 두 공이 같은 전하량 q로 대전되면 두 공에 작용하는 전기력에 의해 양쪽으로 벌어져 평형 상태로 정지하게 된다. 각 실의 길이는 L이고 천장의 수직선과 줄 사이의 각도는 θ이며 공에 작용하는 힘의 합은 0이다. 왼쪽 공에 작용하는 힘을 x축과 y축으로 분해하면 [그림 4(b)]와 같고, 식 (2)와 (3)으로 나타낼 수 있다.

$$\sum F_x = T\sin\theta - F_e = 0 \rightarrow T\sin\theta = F_e \tag{2}$$

$$\sum F_y = T\cos\theta - mg = 0 \rightarrow T\cos\theta = mg \tag{3}$$

두 공 사이에 작용하는 전기력(F_e)은 식 (4)와 같이 구할 수 있고, 두 공 사이의 거리 $2a$는 식 (5)와 같다.

$$\tan\theta = \frac{F_e}{mg} \rightarrow F_e = mg\tan\theta \tag{4}$$

$$\sin\theta = \frac{a}{L} \rightarrow a = L\sin\theta \tag{5}$$

F_e와 $2a$를 식 (1)에 대입하면, 공의 전하량을 식 (6)과 같이 구할 수 있다.

$$F_e = k_e \frac{|q|^2}{r^2} \rightarrow |q| = \sqrt{\frac{F_e r^2}{k_e}} = \sqrt{\frac{F_e (2a)^2}{k_e}} \tag{6}$$

3. 실험장치

스탠드봉, 도체구, 털가죽, 면, 실, 각도기, 도체구, 유리 막대, 아크릴 막대, 금속캔

4. 실험방법

1) 막대와 스티로폼(또는 종이)

① 유리 막대를 털가죽으로 문지른 후 스티로폼(또는 종이)에 가까이 가져간다.

② 유리 막대와 스티로폼(또는 종이)에 작용하는 전기력을 관찰한다.

③ 유리 막대를 면으로 문지른 후 ①~② 실험을 반복한다.

④ 유리 막대를 아크릴 막대로 바꾸고 ①~③ 실험을 반복한다.

2) 막대와 도체구

① 유리 막대를 털가죽으로 문지른 후 도체구에 가까이 가져간다.

② 유리 막대와 도체구에 작용하는 전기력을 관찰한다.

③ 유리 막대를 면으로 문지른 후 ①~② 실험을 반복한다.

④ 유리 막대를 아크릴 막대로 바꾸고 ①~③ 실험을 반복한다.

3) 막대와 금속캔

① 유리 막대를 털가죽으로 문지른 후 금속캔에 가까이 가져간다.

② 유리 막대와 금속캔에 작용하는 전기력을 관찰한다.

③ 유리 막대를 면으로 문지른 후 ①~② 실험을 반복한다.

④ 유리 막대를 아크릴 막대로 바꾸고 ①~③ 실험을 반복한다.

4) 막대와 막대

① 아크릴 막대를 봉에 연결된 줄에 매단다. 유리 막대와 아크릴 막대를 털가죽으로 문지른 후 아크릴 막대에 유리 막대를 가까이 가져간다.

② 유리 막대와 아크릴 막대에 작용하는 전기력을 관찰한다.

③ 유리 막대와 아크릴 막대를 면으로 문지른 후 ①~② 실험을 반복한다.

5) 두 개의 도체구

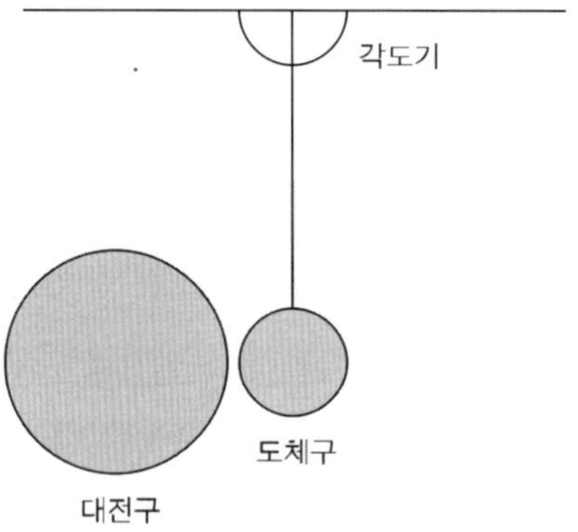

[그림 5] 두 개의 도체구 실험장치

① 도체구의 질량(m)을 측정한다. [그림 5]와 같이 두 개의 도체구를 실에 매달아 봉에 연결한다. 위에 고정된 실의 끝에 각도기를 설치한다.

② 실의 끝에서 도체구의 중심까지 거리(L)를 측정한다.

③ 전압 공급기를 이용하여 대전구를 만들고, 대전구에 도체구를 문질러서 도체구를 대전시킨다.

④ 대전구와 도체구 사이의 전기력에 의해 공이 움직여서 멈추는 각도(θ)를 측정한다.

⑤ 측정한 θ, L, 도체구의 지름을 이용하여 두 구의 중심 사이의 거리(r)를 측정한다.

⑥ m과 중력가속도 g를 이용하여 계산한 힘으로 전기력(F_e)을 계산한다.

⑦ 여러 종류의 물질로 도체구를 대전시켜 ③~⑥ 실험을 반복한다.

결과보고서 1. 전기력

학과 : 학번 : 이름 :
실험 날짜 : 공동 실험자 :

1. 실험결과 및 분석

1) 막대와 스티로폼(또는 종이)

질문 1. 막대와 스티로폼(또는 종이)에 작용하는 전기력을 알아보자.

질문 2. 스티로폼(또는 종이)에 생기는 전하를 생각해 보자.

2) 막대와 도체구

질문 1. 막대와 도체구에 작용하는 전기력을 알아보자.

질문 2. 도체구에 생기는 전하를 생각해 보자.

3) 막대와 금속캔

질문 1. 막대와 금속캔에 작용하는 전기력을 알아보자.

질문 2. 금속캔에 생기는 전하를 생각해 보자.

4) 막대와 막대

질문 1. 유리 막대와 아크릴 막대 사이에 작용하는 전기력을 알아보자.

질문 2. 유리 막대와 아크릴 막대에 생기는 전하를 생각해 보자.

5) 두 개의 도체구

도체구의 반지름 = m

대전구의 반지름 = m

줄의 길이 = m

도체구의 질량 = kg

줄과 수직면과의 각도 = °

전기력 = N

질문 1. 대전구와 도체구에 작용하는 전기력을 알아보자.

질문 2. 대전구와 도체구에 생기는 전하를 생각해 보자.

2. 실험결과에 대한 논의

실험2 등전위선

1. 목적

전기장이 형성된 수조 안에서 전극의 모양에 따른 등전위선의 형태를 측정한다. 등전위선과 전기력선이 서로 수직으로 교차한다는 개념을 이용하여 점전하 주위의 전기력선을 그리고 전기장에 대한 이해도를 높인다.

2. 이론

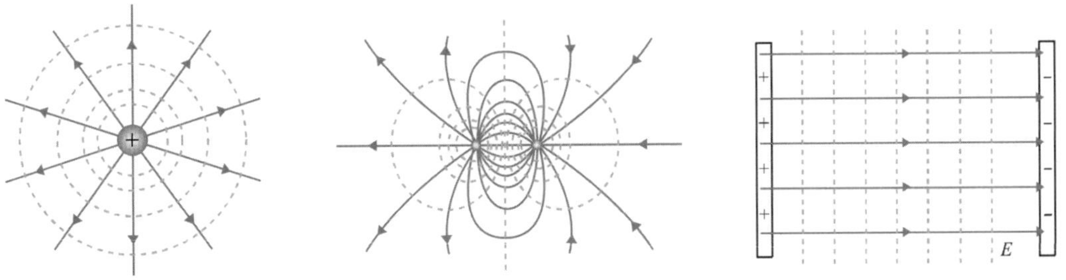

(a) $+q$ 점전하 (b) $+q$, $-q$ 점전하 (c) $+q$, $-q$ 선전하

[그림 1] 전기력선(화살표)과 등전위선(점선)

두 점전하 q와 Q 사이에는 전기력 $\vec{F} = k_e \frac{qQ}{r^2}\hat{r}$이 작용한다. 여기서 r은 두 점전하 사이의 거리, $\hat{r}$은 단위벡터이고 k_e는 쿨롱 상수이다. 단위전하당 받는 전기력을 전기장 $\vec{E} = \frac{\vec{F}}{q}$로 정의한다. 따라서 전기력과 전기장은 항상 같은 방향이다. 두 점전하에 대한 전기적 위치에너지는 $U = k_e \frac{qQ}{r}$이다. 여기서 전위는 단위전하당 전기적 위치에너지이며 $V = \frac{U}{q}$로 정의된다. 전기장 $\vec{E}$의 방향은 그 점에서 전위 V가 가장 급격히 감소하는 방향이며, 미소변위를 $d\vec{l}$이라 하면 $\vec{E}$와 V는 식 (1)과 같이 서로 미분과 적분의 관계를 갖는다.

$$V = -\int \vec{E} \cdot d\vec{l} \quad \text{또는} \quad \vec{E} = -\frac{dV}{dl}\hat{n} \tag{1}$$

여기서 $\hat{n}$은 등전위면에 수직한 방향의 단위벡터이다. 전기장이 존재하는 공간에는 전위가 같은 점들이 존재하는데, 이 점들을 연결하면 등전위면을 찾을 수 있다. 전기력선은 화살표로 전기장의 형태를 시각적으로 나타낸 것으로, +전하에서 나와서 -전하로 들어간다. 등전위면은 항상 전기력선에 수직으로 교차한다. 등전위면 위에서 전하를 이동시키는 데 필요한 일은 0이다. 예를 들어, [그림 1(a)]와 같이 하나의 점전하 q가 공간에 있는 경우, 전기장의 전기력선은 q의 점을 중심으로 방사선 형태이며, 실선의 화살표로 표시된다. 등전위면은 q를 중심으로 한 동심구면이 되며, 그림에서 점선으로 표시된다. [그림 1(b)]에서 보듯이 $+q$와 $-q$의 점전하가 공간에 놓여 있는 경우, 실선의 화살표 방향의 전기력선과 점선으로 표시된 전기력선에 수직인 등전위면을 그릴 수 있다. [그림 1(c)]와 같이 각각 $+q$와 $-q$로 대전된 막대 전극 사이의 전기력선은 막대에 수직인 평행선으로 나타나며, 등전위선은 전기력선에 수직이면서 막대와 평행을 이루는 점선으로 나타난다.

3. 실험장치

전극과 눈금이 있는 수조, 디지털 검류계 또는 멀티미터, 전압 공급장치, 전원 연결선, 여러 모양의 전극(직사각형, 원형, 반원형), 측정 용지, 비커, 이동 전극봉

4. 실험방법

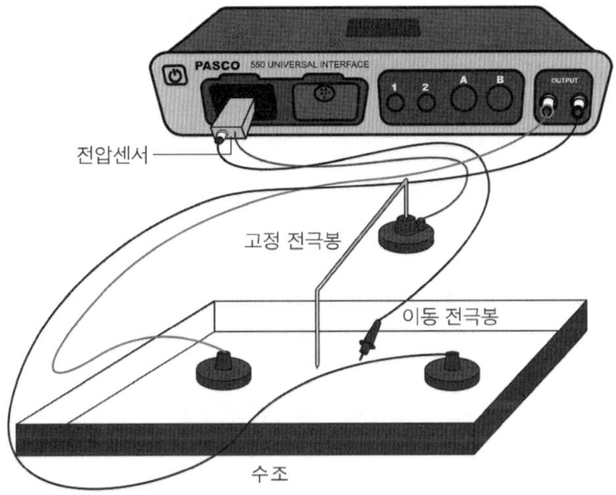

[그림 2] 수조를 이용한 등전위선 실험

① 전압센서와 인터페이스를 [그림 2]와 같이 설치한다.

② 수조의 수평을 맞춘 후 비커를 이용하여 수조의 1/3 정도를 물로 채운다.

③ 실험장치의 전극 중 원형 전극을 골라 수조 바닥에 그려진 눈금의 위치에 맞게 배치한다. 전극은 임의의 위치에 배치해도 되며, 이 경우 측정 용지에 위치를 표시해 두어야 한다. 측정용 멀티미터로 전류를 측정한다.

④ 왼쪽의 Tools 중 상위에 있는 Hardware Setup(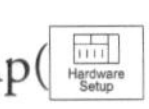)을 눌러서 인터페이스와 센서들이 잘 연결되어 있는지 확인한다. 연결이 잘되었다면 아래 그림과 같이 나타난다. 장치가 연결되어 있지 않으면 느낌표로 표시된다. 프로그램 오른쪽의 아이콘 중에서 그래프를 드래그하고, 화면에서 전압(V)-시간(s) 그래프를 만든다.

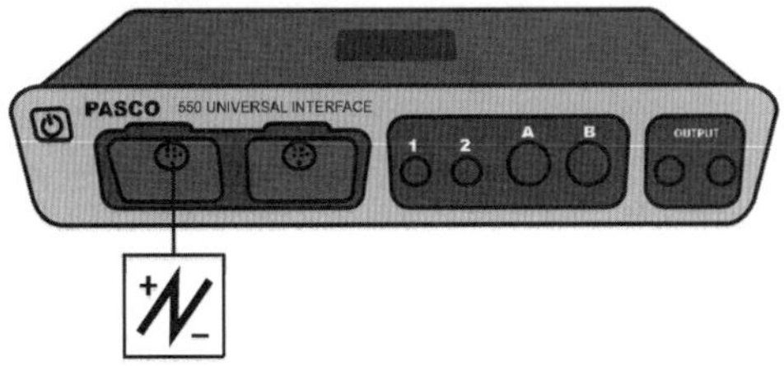

⑤ 왼쪽에서 Signal Generator 아이콘()을 선택한다. Signal Generator에서 waveform을

DC 전압으로 선택하고 DC Voltage를 7.0V로 맞춘다. 인터페이스에 있는 Signal Generator의 바나나잭 부분을 [그림 2]의 원형 전극 부분에 연결한다. 전압센서의 바나나잭을 이동 전극봉과 고정 전극봉에 연결하여 전압을 측정한다.

⑥ 두 원형 전극의 중간에 고정 전극봉을 배치한다. 이동 전극봉의 위치를 옮겨 가면서 전류계가 0이 되는 지점인 등전위점을 측정하여 측정 용지에 표시한다.

⑦ 고정 전극봉을 두 전극 사이의 직선상에서 이동시킨다. 이동 전극봉의 위치를 옮겨 가면서 전류계가 0이 되는 지점인 등전위점을 측정하여 측정 용지에 표시한다.

⑧ 다섯 개 이상의 등전위선을 찾을 때까지 ⑦의 실험을 반복한다. 등전위선에 수직인 전기력선을 다섯 개 이상 그려 본다.

⑨ 원형 전극을 막대 전극으로 교체하여 ⑥~⑧ 실험을 반복한다.

결과보고서 2. 등전위선 측정

학과 : 학번 : 이름 :

실험 날짜 : 공동 실험자 :

1. 실험결과 및 분석

1) 원형 전극

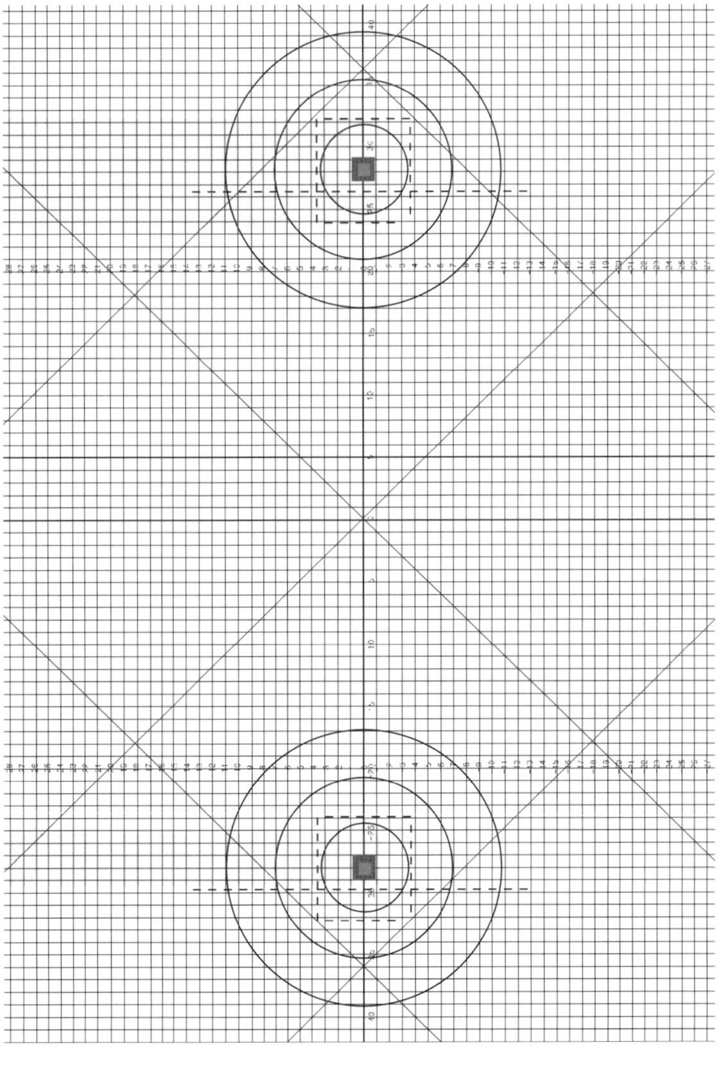

질문 1. 원형 전하에 의해 발생하는 전기장과 전기력선의 관계를 알아보자.

질문 2. 원형 전하에서 전기력선과 등전위선의 관계를 알아보자.

질문 3. 원형 전하가 물체에 균일하게 대전되지 않으면 어떤 변화가 생기는지 알아보자.

2) 막대 전극

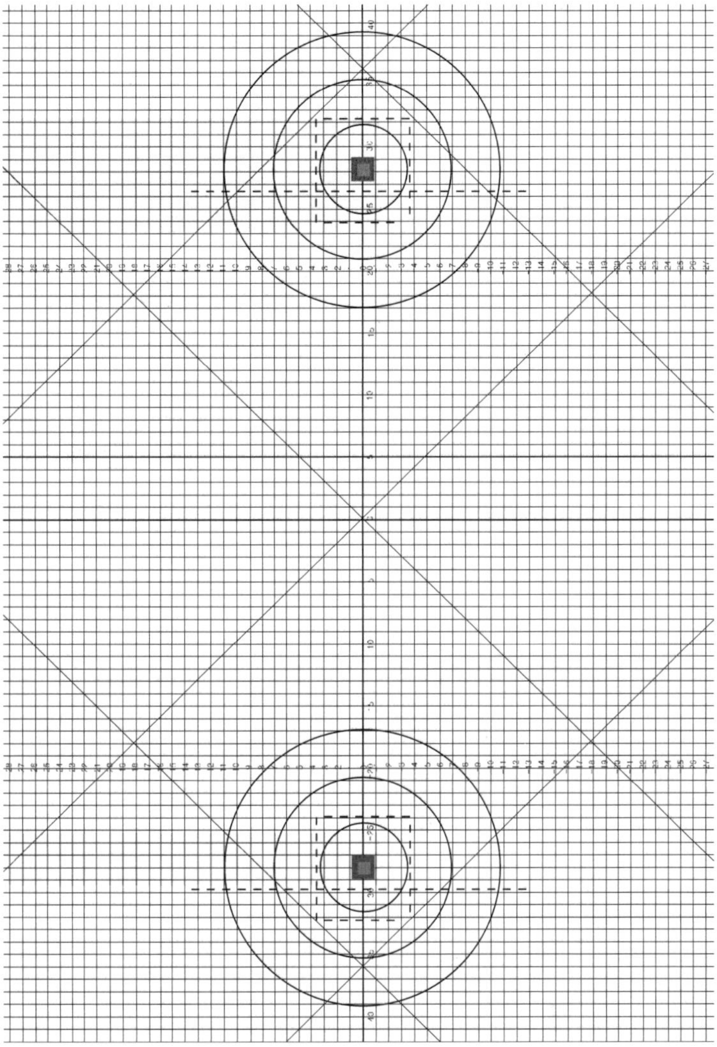

질문 1. 막대 전하에 의해 발생하는 전기장과 전기력선의 관계를 알아보자.

질문 2. 막대 전하에서 전기력선과 등전위선의 관계를 알아보자.

질문 3. 막대 전하가 물체에 균일하게 대전되지 않으면 어떤 변화가 생기는지 알아보자.

2. 실험결과에 대한 논의

실험3 비저항

1. 목적

원통형 금속의 저항이 원통의 지름 및 길이와 어떤 관계가 있는지 알아보고, 지름과 길이가 같지만 종류가 다른 금속의 비저항을 구해 보자.

2. 이론

저항이 R로 일정한 원통형 금속에 전류 I가 흐를 때, 원통형 금속 양단에 걸린 전압 V는 옴의 법칙 $V = IR$을 따른다. R은 식 (1)과 같이 나타난다.

$$R = \frac{V}{I} \tag{1}$$

본 실험에서는 전압과 전류를 측정하여 다양한 길이의 원통형 금속의 저항을 구할 수 있다. 원통형 금속의 저항은 식 (2)와 같이 원통형 금속의 길이(L), 단면적(A), 금속의 비저항(ρ)에 따라 달라진다.

$$R = \rho\frac{L}{A} \tag{2}$$

그러므로 비저항은 식 (3)과 같다.

$$\rho = \frac{R}{L}A = \frac{R}{L}\pi\left(\frac{d}{2}\right)^2 \tag{3}$$

여기서 d는 원통형 금속의 지름이다.

3. 실험장치

인터페이스, 전압센서, 저항, 비저항 실험장치

4. 실험방법

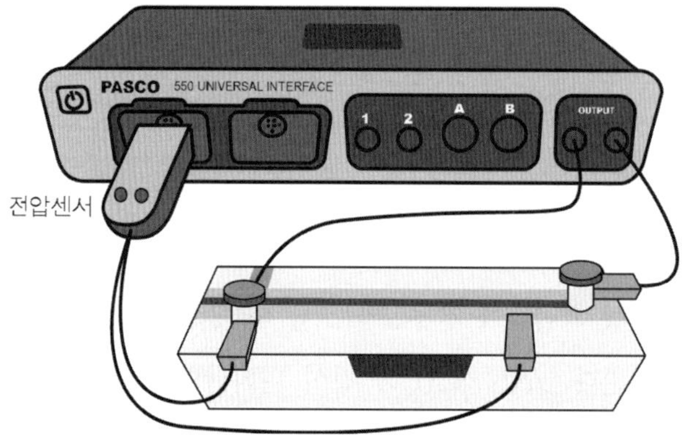

[그림 1] 비저항 실험장치

① 원통형 황동의 지름을 측정한다. 이 황동을 사용하여 [그림 1]과 같이 실험장치를 설치한다.

② 전압센서의 바나나잭을 0cm 눈금이 있는 곳에 위치시키고, 비저항 장치의 슬라이더 프로브를 5.0cm 위치에 오도록 이동시킨다.

③ 프로그램 화면 왼쪽 신호 발생기(Signal Generator) 창을 열고 Output을 DC Voltage 2.0V로 설정한다. ON 버튼을 눌러 교류신호를 발생시킨다.

④ 프로그램 화면 왼쪽에서 Table을 드래그하여 전압, 전류를 측정할 수 있도록 선택한다.

⑤ 화면 왼쪽 하단의 Record( ) 버튼을 클릭한다. 측정값이 안정될 때까지 몇 초간 기다린 뒤 STOP 버튼을 클릭한다.

⑥ 측정한 데이터에서 전압과 전류를 이용하여 저항을 계산한다.

⑦ 계산한 저항, 원통형 도선의 측정한 지름, 길이를 이용하여 비저항(ρ)을 계산한다.

⑧ 슬라이더 위치를 바꾸어 원통형 금속의 길이를 변화시키면서 ①~⑦ 실험을 반복한다.

⑨ 원통형 금속의 종류를 바꿔 가며 ①~⑦ 실험을 반복한다.

결과보고서 3. 비저항

학과 : 학번 : 이름 :

실험 날짜 : 공동 실험자 :

1. 실험결과 및 분석

1) 황동 금속

[표 1] 황동 금속의 지름과 길이에 따른 저항과 비저항

지름 d[mm]	길이 L[m]	전압 V[V]	전류 I[A]	저항 R[Ω]	비저항 ρ[Ω·m]

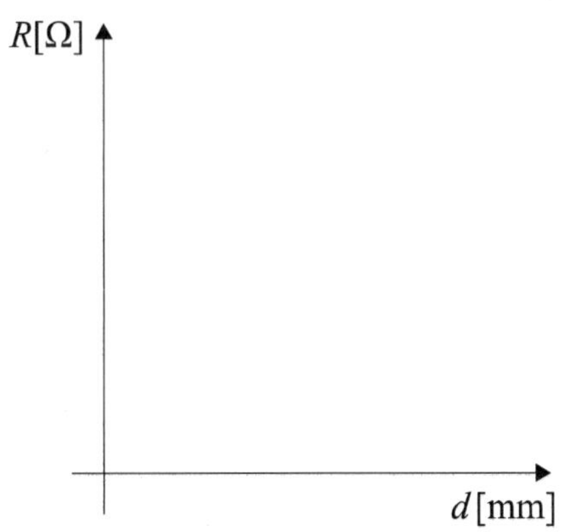

[그래프 1] 황동 금속의 지름과 저항

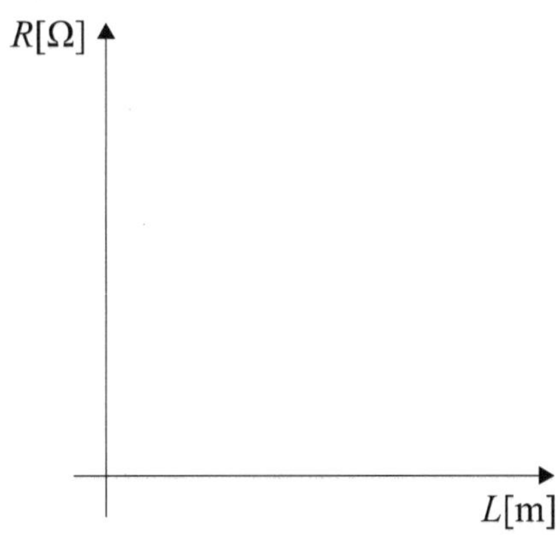

[그래프 2] 황동 금속의 길이와 저항

질문 1. 황동 금속의 지름에 따른 저항의 변화를 생각해 보자.

질문 2. 황동 금속의 길이에 따른 저항의 변화를 생각해 보자.

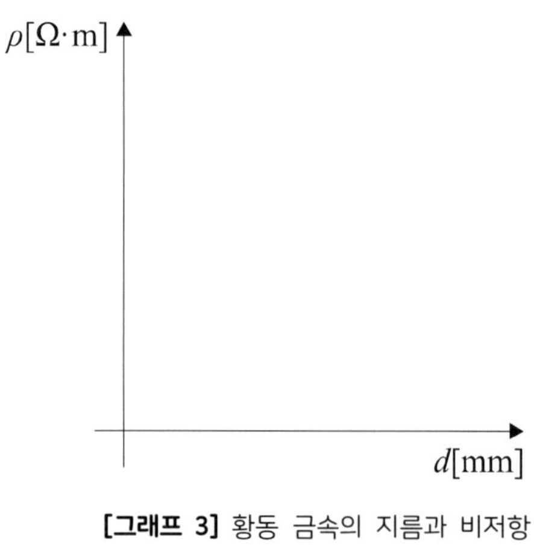

[그래프 3] 황동 금속의 지름과 비저항

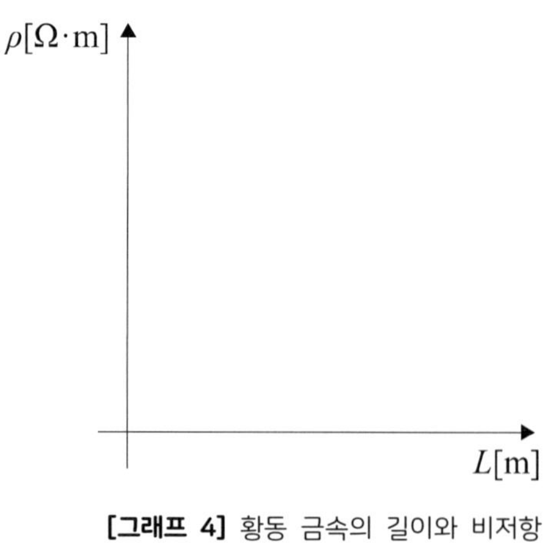

[그래프 4] 황동 금속의 길이와 비저항

질문 3. 황동 금속의 지름에 따른 비저항의 변화를 생각해 보자.

질문 4. 황동 금속의 길이에 따른 비저항의 변화를 생각해 보자.

2) 알루미늄 금속

[표 2] 알루미늄 금속의 지름과 길이에 따른 비저항

지름 d[mm]	길이 L[m]	전압 V[V]	전류 I[A]	저항 R[Ω]	비저항 ρ[Ω·m]

3) 강철 금속

[표 3] 강철 금속의 지름과 길이에 따른 비저항

지름 d[mm]	길이 L[m]	전압 V[V]	전류 I[A]	저항 R[Ω]	비저항 ρ[Ω·m]

4) 니크롬 금속

[표 4] 니크롬 금속의 지름과 길이에 따른 비저항

지름 d[mm]	길이 L[m]	전압 V[V]	전류 I[A]	저항 R[Ω]	비저항 ρ[Ω·m]

5) 구리 금속

[표 5] 구리 금속의 지름과 길이에 따른 비저항

지름 d[mm]	길이 L[m]	전압 V[V]	전류 I[A]	저항 R[Ω]	비저항 ρ[Ω·m]

질문. 금속의 종류에 따른 비저항의 변화를 알아보자.

2. 실험결과에 대한 논의

실험4 옴의 법칙

1. 목적

저항에 직류전원을 연결하여 전압 변화에 따른 전류를 측정하고 저항을 계산하여 옴의 법칙을 확인한다. 저항 두 개를 직렬 또는 병렬로 연결할 때 전압과 전류의 변화를 관찰하고 전체 저항이 어떻게 되는지 알아본다.

2. 이론

전류가 흐르는 물질에 걸린 전기장 $\vec{E}$와 전류밀도 $\vec{J}$ 사이에는 $\vec{J} = \sigma \vec{E}$의 관계가 성립되는데 이를 옴의 법칙이라 한다. 여기서 σ는 전기전도도로서 물질에 전기가 얼마나 잘 통하는지를 나타내는 물리량이다. 따라서 σ는 전류를 발생시키는 전기장과는 무관하다. 옴의 법칙을 따르는 물질, 즉 전기장과 전류가 비례관계인 물질을 옴성(ohmic) 물질이라고 한다. 대부분의 물질은 전류의 변화가 작은 경우 이러한 비례관계에 있지만, 그렇지 않은 경우도 있다. 옴의 법칙을 따르지 않는 물질을 비옴성(nonohmic) 물질이라고 한다.

단면적이 A이고 길이가 l이며 전기전도도가 σ인 원통형 물질을 가정하자. 이 물질의 저항이 R이고, 원통 양단에 전위차 V가 걸리면, 물질 내부에 전기장 E가 형성되고 전류 I가 흐른다. 옴의 법칙 $\vec{J} = \sigma\vec{E}$의 양변을 적분하면 식 (1)과 같다.

$$\int \vec{J} \cdot d\vec{A} = \vec{J} \cdot \vec{A} = I = \sigma \int \vec{E} \cdot d\vec{A} = \sigma EA$$
$$= \frac{\sigma ElA}{l} = \frac{\sigma VA}{l} = \frac{V}{R} \quad \left(\leftarrow \therefore \ V = \int \vec{E}\, d\vec{l} = El\right)$$
$$\therefore R = \frac{l}{\sigma A} \tag{1}$$

옴의 법칙은 [그림 1]과 같이 직류전압 V에 저항 R이 연결된 회로에 흐르는 전류와 전압 사이의 관계식, $I = \frac{V}{R}$ 또는 $V = IR$로 표현되기도 한다. 여기서 저항은 $R \equiv \frac{l}{\sigma A}$로 정의된다. 옴의 법칙은 저항 R이 V 또는 I 값과 무관할 때에 성립한다.

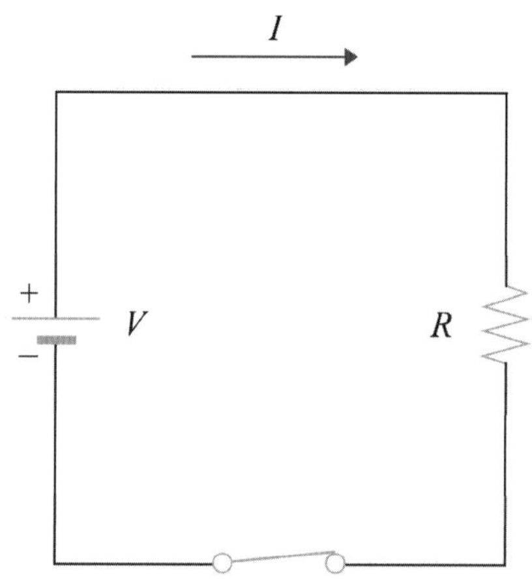

[그림 1] 옴의 법칙

여러 개의 저항 R_1, R_2, R_3를 직렬 또는 병렬로 연결하면 전체 등가저항(R_{eq})은 식 (2), (3)과 같이 나타난다.

$$[\text{직렬 연결}] \quad R = R_1 + R_2 + R_3 \tag{2}$$

$$[\text{병렬 연결}] \quad \frac{1}{R} = \frac{1}{R_1} + \frac{1}{R_2} + \frac{1}{R_3} \tag{3}$$

저항에 흐르는 전류를 측정하는 전류계는 내부 저항이 거의 0에 가깝기 때문에 전류계의 양단에 걸리는 전압도 거의 0이 된다. 따라서 저항에 흐르는 전류를 측정하는 경우 [그림 2(a)]와 같이 전류계를 저항에 직렬로 연결하여 측정한다.

전압계를 회로에 연결하여 측정하는 경우, [그림 2(b)]와 같이 측정하고자 하는 저항과 항상 병렬로 연결하여야 한다. 전압계의 내부 저항은 거의 무한대(∞)에 가깝기 때문에 회로에 병렬로 연결하여도 전압계 쪽으로는 전류가 거의 흐르지 않는다.

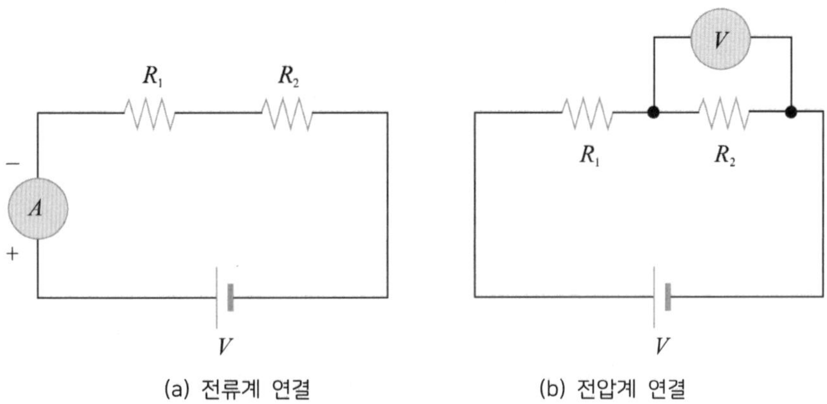

[그림 2] 전압계와 전류계의 연결

온도에 따른 물질 내 원자의 열적 진동에 의하여 비저항이 변하는 물질이 있는데, 이를 비옴성 물질이라고 한다. 온도에 따른 도체의 비저항은 식 (4)와 같이 온도에 비례한다. ρ_0는 20℃ 기준온도에서의 비저항, α는 비저항의 온도계수를 나타낸다.

$$\rho = \rho_0[1 + \alpha(T - T_0)] \tag{4}$$

3. 실험장치

멀티미터, 전자실험장치, 저항, 백열전구, 전압 공급기, 열전대 온도계

4. 실험방법

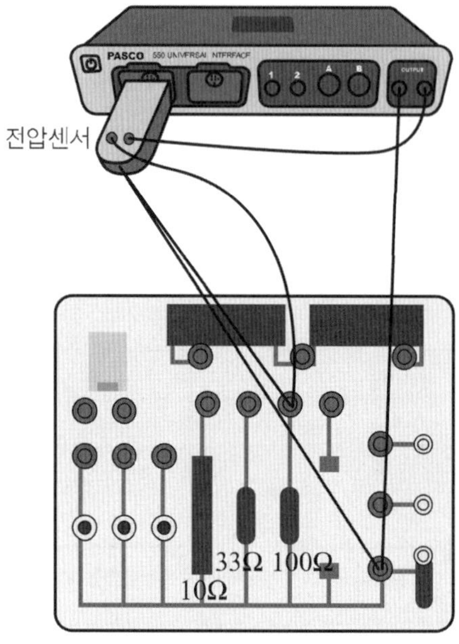

[그림 3] 옴의 법칙 실험장치

① 전압센서와 인터페이스를 [그림 3]과 같이 설치한다. 전압계와 전류계는 음극(-)과 양극(+)이 있으므로 회로를 구성할 때 주의해야 한다.

② 왼쪽의 Tools 중 상위에 있는 Hardware Setup( )을 눌러서 인터페이스와 센서들이 잘 연결되어 있는지 확인한다. 연결이 잘되었다면 아래 그림과 같이 나타난다. 장치가 연결되어 있지 않으면 느낌표로 표시된다. 화면에서 '전압(V)-전류(A)' 그래프를 확인한다.

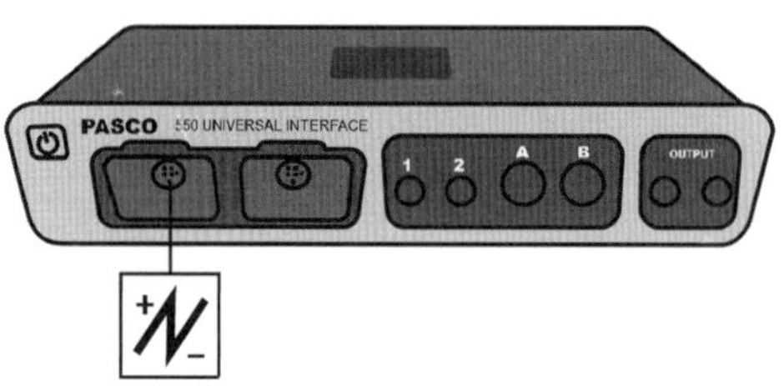

③ 좌측에 있는 Signal Generator 아이콘( )을 선택한다. Signal Generator에서 waveform을 DC 전압으로 선택하고 DC Voltage를 1.0V가 되도록 조정한다. 인터페이스에 있는

Signal Generator의 바나나잭 부분을 [그림 3]의 전압 부분에 있는 회로에 연결한다. 100Ω 저항에 전압센서의 바나나잭을 연결한다.

④ 전압을 변화시키면서 회로에 연결되어 있는 저항의 전압과 전류를 측정하여 표에 기록한다. 파일의 하단에 위치한 Record( )를 클릭하여 측정을 시작하고 Stop( )을 클릭하여 측정을 완료한다

⑤ x축을 전류, y축을 전압으로 하는 그래프를 이용하여 기울기인 저항(실험값)을 알아보고 이를 이론적으로 구한 저항값과 비교한다. 저항을 다르게 하여 ③~④ 실험을 반복한다.

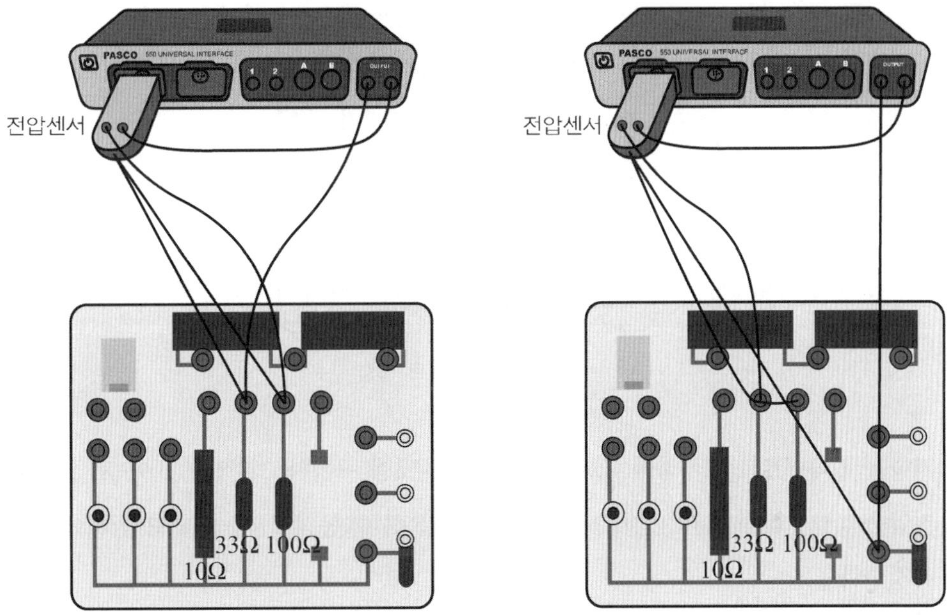

(a) (b)

[그림 4] (a) 저항의 직렬 연결, (b) 저항의 병렬 연결

⑥ [그림 4(a)]와 같이 100Ω 저항과 33Ω 저항을 직렬로 연결하여 회로를 구성한다.

⑦ 전압을 변화시키면서 회로에 연결된 전체 저항의 전압과 전류를 측정하고 이를 표에 기록한다. x축을 전류, y축을 전압으로 하는 그래프를 그린 다음 그래프의 기울기를 이용하여 저항의 실험값을 구한다. 이를 이론적으로 구한 저항값과 비교한다.

⑧ [그림 4(b)]와 같이 100Ω 저항과 33Ω 저항을 병렬로 연결하여 회로를 구성한다.

⑨ 전압을 변화시키면서 회로에 연결되어 있는 전체 저항의 전압과 전류를 측정하고 이를

표에 기록한다. x축을 전류, y축을 전압으로 하는 그래프를 이용하여 구한 저항을 이론적으로 구한 저항값과 비교한다.

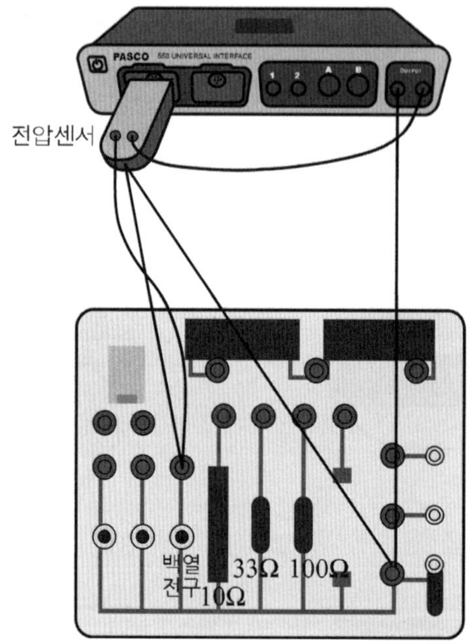

[그림 5] 필라멘트 실험

⑩ 저항을 필라멘트로 교체하여 [그림 5]와 같이 회로를 구성하고 전압을 3.0V로 조정한다. 전압을 0.5V씩 증가시키면서 ③~④ 실험을 반복하며, 동시에 각 전압 측정 시에 온도를 측정한다.

결과보고서 4. 옴의 법칙

학과 :　　　학번 :　　　이름 :

실험 날짜 :　　　공동 실험자 :

1. 실험결과 및 분석

1) 저항 R

실험에 사용된 저항 = 　　　　Ω

[표 1] 전압과 전류의 관계

V[V]	I[A]	V[V]	I[A]

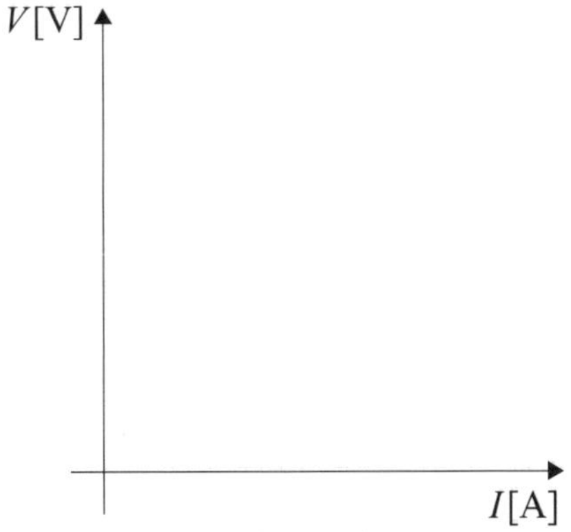

[그래프 1] 저항의 전압과 전류

그래프를 이용한 저항(실험값) = 　　　Ω

오차 = 　　　　%

질문. 전압과 전류의 관계를 알아보자.

2) 저항 R_1과 R_2를 직렬로 연결한 경우

실험에 사용된 저항 = Ω

[표 2] 저항의 직렬 연결

V[V]	I[A]	V[V]	I[A]

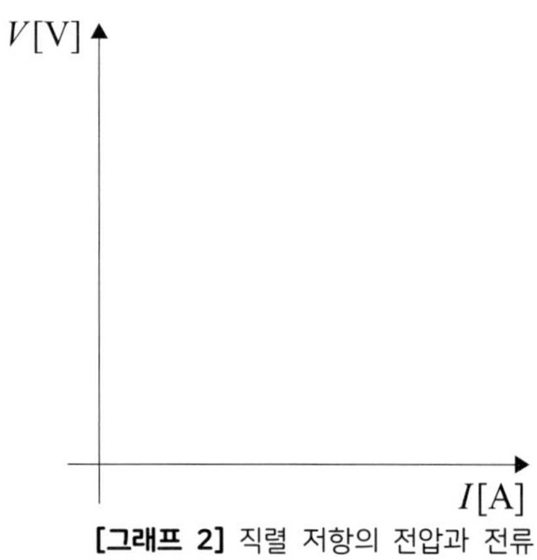

[그래프 2] 직렬 저항의 전압과 전류

그래프를 이용한 전체 저항(실험값) = Ω

오차 = %

질문. 저항을 직렬 연결한 실험에서 전체 저항은 어떻게 나타나는가?

3) 저항 R_1과 R_2를 병렬로 연결한 경우

실험에 사용된 저항 = Ω

[표 3] 저항의 병렬 연결

V[V]	I[A]	V[V]	I[A]

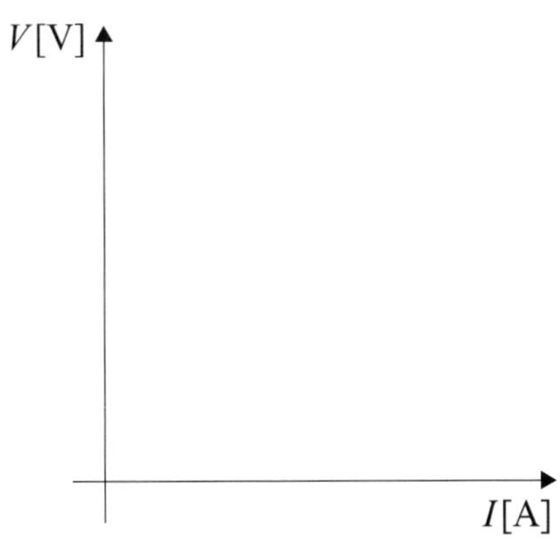

[그래프 3] 병렬 저항의 전압과 전류

그래프를 이용한 전체 저항(실험값) = Ω

오차 = %

질문. 저항을 병렬 연결한 실험에서 전체 저항은 어떻게 나타나는가?

4) 필라멘트 실험

필라멘트의 저항(R_0) = Ω

현재 온도(T_0) = ℃

[표 4] 온도에 따른 저항 변화

V[V]	I[A]	R[Ω]	T[℃]

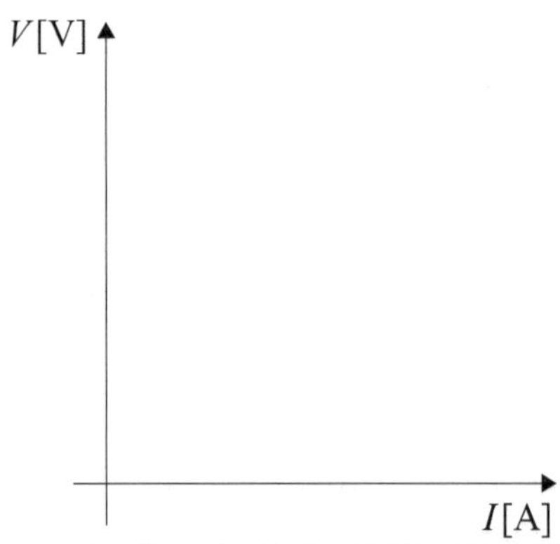

[그래프 4] 비옴성 저항의 전압과 전류

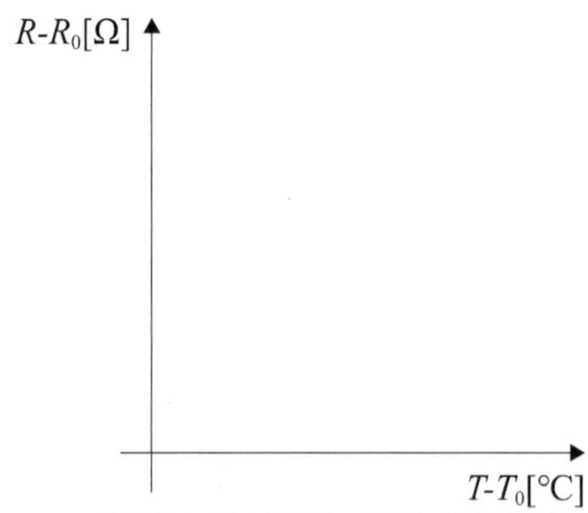

[그래프 5] 비옴성 저항의 온도와 저항

기울기 =

온도계수(α) =

결과보고서

질문 1. 온도에 따라 저항이 어떻게 변화되는지 알아보자.

질문 2. 비옴성 물질의 전압과 전류의 관계를 알아보자.

2. 실험결과에 대한 논의

실험5 평행판 축전기의 전기력

1. 목적

대전된 평행판에서의 쿨롱의 힘을 측정하여 평행판에 작용하는 전기력은 평행판 사이의 전압에 비례하고 거리의 제곱에 반비례한다는 것을 알아보자.

2. 이론

전하의 크기가 q_1과 q_2이고 거리가 r만큼 떨어진 두 입자(또는 점전하) 사이에 작용하는 정전기력의 크기는 쿨롱의 법칙인 식 (1)로 주어진다.

$$F = k\frac{q_1 q_2}{r^2} = \frac{1}{4\pi\epsilon_0}\frac{q_1 q_2}{r^2} \tag{1}$$

여기서 $k = \frac{1}{4\pi\epsilon_0} = 8.89\times10^9\,\mathrm{N\,m^2/C^2}$은 쿨롱 상수이며 $\epsilon_0 = 8.85\times10^{-12}\,\mathrm{C^2/N\,m^2}$은 진공에서의 유전율이다.

평행판 축전기의 극판(도체판)에 전원 공급기를 연결하면 두 극판 사이에 전위차가 발생한다. 전자는 도선을 따라 전원의 음극과 연결된 축전기의 극판으로 이동하는데, 이는 전원의 음극과 극판 사이의 전위차가 사라질 때까지 계속된다. 마찬가지로, 전원의 양극에 연결된 극판에도 양(+)전하가 모인다. 각 극판에 크기가 같고 부호가 반대인 $+Q$와 $-Q$ 전하를 대전하면 축전기의 전하량은 극판의 절대값인 Q가 된다. 극판은 도체이기 때문에 등전위면이다. 그러나 두 극판 사이에는 전위차가 존재한다. 축전기의 전하량 Q와 전위 V는 서로 비례한다.

$$Q = CV \tag{2}$$

여기서 비례상수 C는 전기용량이라 부른다. 두 개의 도체로 이루어진 축전기의 전기용량은 도체의 기하학적인 모양에만 의존한다. 평행한 도체판으로 이루어진 축전기의 경우 전기용량은 식 (3)과 같다.

$$C = \epsilon_0 \frac{A}{d} \tag{3}$$

여기서 A는 평행판의 단면적, d는 두 평행판 사이의 거리, ϵ_0는 진공에서의 유전율이다. 축전기를 충전시키려면 외부에서 평행판에 일을 해야 한다. 축전기 충전 중 어느 시간에서 충전된 전하가 q라면, 그 순간 평행판 사이의 전위차는 $\Delta V = \frac{q}{C}$이고 $-q$인 극판으로부터 더 높은 전위인 $+q$극판으로 미소전하 dq를 옮기는 데 필요한 일은 식 (4)와 같다.

$$dW = \Delta V dq = \frac{q}{C} dq \tag{4}$$

따라서 대전되지 않은 축전기를 $q=0$에서 $q=Q$로 대전시키는 데 필요한 전체 일은 식 (5)와 같다.

$$W = \int_0^q \frac{q}{C} dq = \frac{Q^2}{2C} \tag{5}$$

축전기를 Q로 충전할 때 한 일은 축전기의 저장된 에너지로 생각할 수 있으며, 축전기에 저장된 정전기적 위치에너지는 식 (6)과 같다.

$$U = \frac{Q^2}{2C} = \frac{1}{2}CV^2 = \frac{1}{2}QV \tag{6}$$

이제 평행판 축전기에서 두 극판 사이에 작용하는 힘을 측정하고자 한다. 극판 사이의 간격이 y인 평행판 축전기에 작용하는 인력과 크기가 같고 방향이 반대인 힘을 F라 하자. dy만큼의 미소변위 동안 이 힘이 한 일은 Fdy이다. 전원 공급기는 같은 전압을 유지하기 위해 일을 해야 하며, 이는 한 극판에서 다른 극판으로 전하를 이동시킴으로써 가능하다. dQ의 전하를 움직이는 데 한 일은 VdQ이다. 에너지 보존 법칙에 의해 총 일은 축전기에서의 에너지 변화량 dU와 같다.

$$dU = Fdy + VdQ \tag{7}$$

식 (9)로부터 F를 구할 수 있다. 우선 왼쪽 항의 dU와 오른쪽 항의 VdQ를 결정해야 한다. 평행판 사이의 전압이 일정하게 유지된다면 평행판 축전기에 저장되는 에너지는 $U = \frac{CV^2}{2}$이다. 이로부터 $dU = \left(\frac{1}{2V^2}\right)dC$이고 $dQ = VdC$이다. dU와 dQ를 식 (7)에 대입하면 식 (8)이 된다.

$$F = \frac{1}{2}V^2\frac{dC}{dy} - V^2\frac{dC}{dy} = -\frac{1}{2}V^2\frac{dC}{dy} \tag{8}$$

평행판 축전기의 전기장 $E = \frac{\sigma}{\epsilon_0}$와 전기용량 $C = \frac{\epsilon_0 A}{y}$를 식 (8)에 대입하면,

$$F = \epsilon_0\frac{AV^2}{2y^2} \Rightarrow (\text{if},\ y = d) \Rightarrow F = \epsilon_0\frac{AV^2}{2d^2} \tag{9}$$

가 된다. 이 힘은 두 도체판에 모인 전하들 사이에 작용하는 쿨롱의 힘 F_C이다. 실험장치에서 아래 도체판에 작용하는 힘은 F_C와 $F_g(= mg)$의 합이다.

$$F = F_g - F_C = mg - F_C = ma \tag{10}$$

$-F_C = ma - mg$이며, 평행판이 정지해 있으면 가속도 a는 0이다. 즉

$$F_C = \epsilon_0\frac{AV^2}{2d^2} = mg \tag{11}$$

가 됨을 알 수 있다.

3. 실험장치

측정용 마이크로미터, 고전압 공급장치, 전자저울, 고압 연결선, 지름이 150mm이고 면적이 $A = 0.0177\mathrm{m}^2$인 평행 전극판

4. 실험방법

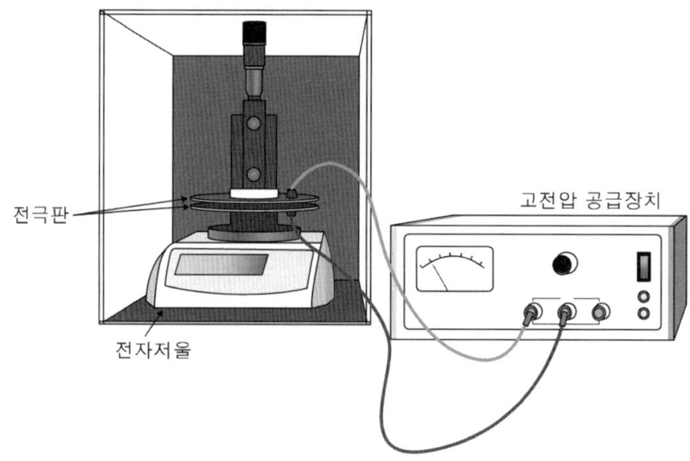

[그림 1] 실험장치

① [그림 1]과 같이 실험장치를 설치한다. 이 실험장치의 이동 지지대에 고정된 지름 150mm의 원판에 전극을 연결한다.

② 이동 지지대의 마이크로미터를 돌려 눈금이 약 15mm가 되도록 조정한다.

③ 저울의 전원을 켜고 영점을 조절한다.

④ 하부의 원판을 전자저울 위에 올려놓는다.

⑤ 전자저울의 수평 조절 나사를 사용하여 저울이 수평이 되도록 한다. 상부 전극과 하부 전극은 평행이 되어야 한다. 극판이 수평이 아닌 경우 간격이 좁을 때 방전이 일어나므로 주의한다.

⑥ 전원 공급기를 상부 원판과 하부 원판에 연결한다.

⑦ 상부 원판과 하부 원판이 닿는 위치를 읽고 기록한다. 마이크로미터를 돌려 상부 원판을 내리면서 저울의 눈금을 관찰한다. 저울의 눈금이 변하기 시작하는 위치가 상부와 하부 원판이 닿는 위치이다.

⑧ 마이크로미터로 상부 원판과 하부 원판이 5mm 떨어지게 한 다음 전원 공급기의 전원을 켠다.

⑨ 0.5kV 간격으로 전압을 3kV에서 5kV로 높이면서 저울의 값을 읽고 중력 mg를 뺀 값을 기록한다. 이 값이 두 축전기 사이에 작용하는 전기력 F_C이다. 공기의 유전 강도는 3kV/mm이므로 간격에 따라 너무 높은 전압을 가하지 않도록 주의한다.

⑩ 두 원판 사이의 간격을 10mm로 변경하여 ②~⑨ 실험을 반복한다.

⑪ x축을 전압, y축을 전기력으로 하여 그래프를 그린 후 이 그래프의 기울기에서 쿨롱 상수를 구한다. 이론값과 비교하여 오차를 구한다.

⑫ 원판 사이에 다른 물질을 넣어 ⑤~⑪ 실험을 반복한다.

결과보고서

결과보고서 5. 평행판 축전기의 전기력

학과 : 학번 : 이름 :
실험 날짜 : 공동 실험자 :

1. 실험결과 및 분석

1) 원판의 지름 = 150mm

원판 사이의 물질 = 공기

(1) 원판의 간격 $d = 5\text{mm}$

[표 1] 평행판 축전기의 간격이 5mm인 원판의 전압과 전기력

전압 V[V]	전기력 F_c[N]		퍼센트 오차[%]
	실험값	이론값	

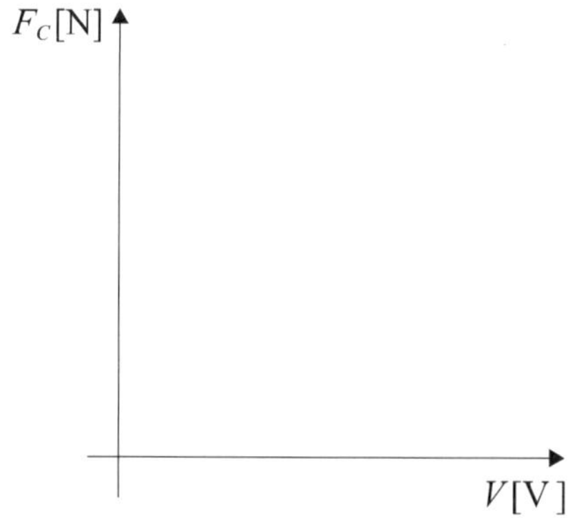

[그래프 1] 평행판 축전기의 간격이 5mm인 원판의 전압과 전기력

질문. 평행판 축전기의 전압과 전기력의 관계를 알아보자.

(2) 원판의 간격 $d = 10\text{mm}$

원판 사이의 물질 = 공기

[표 2] 평행판 축전기의 간격이 10mm인 원판의 전압과 전기력

전압 V[V]	전기력 F_c[N]		퍼센트 오차[%]
	실험값	이론값	

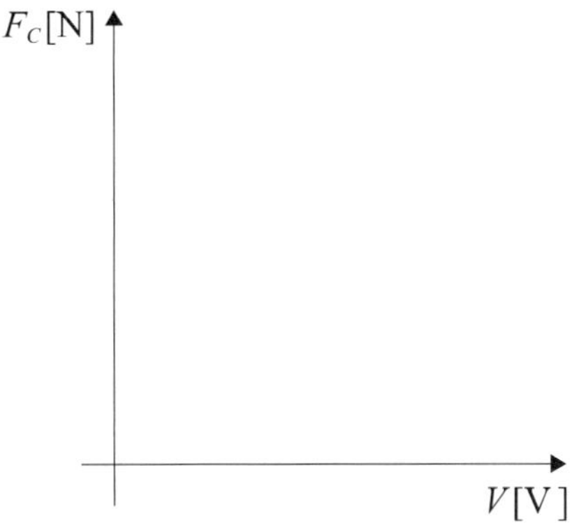

[그래프 2] 평행판 축전기의 간격이 10mm인 원판의 전압과 전기력

질문. 평행판 축전기의 간격과 전기력의 관계를 알아보자.

2) 직경 150mm 원판

원판 사이의 물질 =

(1) $d = 5\text{mm}$

[표 3] 평행판 축전기의 간격이 5mm인 원판의 전압과 전기력

전압[V]	전기력 F_c[N] 실험값

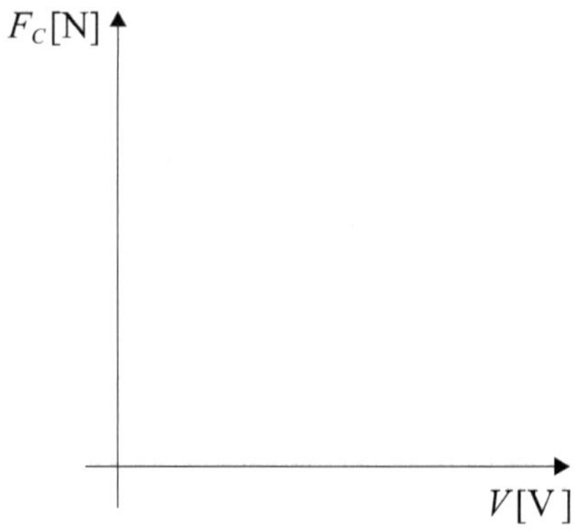

[그래프 3] 평행판 축전기의 간격이 5mm인 원판의 전압과 전기력

질문 1. 이 물질의 유전율을 구해 보자.

질문 2. 원판 사이의 유전물질이 공기인 경우와 다른 물질인 경우의 차이를 알아보자.

2. 실험결과에 대한 논의

실험6 RC 직렬회로의 충전과 방전

1. 목적

직류전원이 연결된 RC 직렬회로에서 스위치 On/Off에 따른 충전과 방전 현상을 관찰한다.

2. 이론

직류전원을 RC 회로에 연결하면 축전기가 충전되기 시작한다. 그러나 시간이 지남에 따라 충전 속도는 감소한다. 처음에는 축전기의 평행판이 거의 충전되지 않아 전하가 쉽게 충전된다. 하지만 평행판이 어느 정도 충전되면 이미 동일한 극성의 전하가 있으므로 평행판을 추가로 충전하기 위해서는 더 많은 일(에너지)을 공급해야 한다. 따라서 처음에는 기하급수적인 속도로 전하가 충전되다가, 시간이 지나면서 충전 속도가 점차 느려진다.

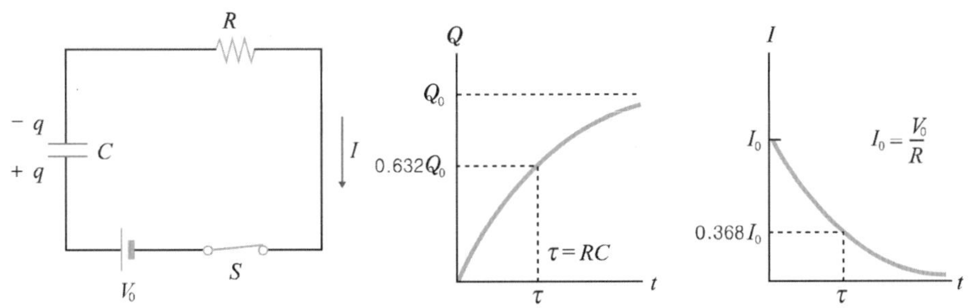

[그림 1] RC 회로의 충전

[그림 1]의 RC 회로에서 시간이 지남에 따라 축전기에 충전되는 전하량과 직류회로에 흐르는 전류 사이에 식 (1)이 성립한다. 여기서 V는 공급 전압, IR은 저항 R에 의한 전위차, $\frac{Q}{C}$는 축전기에 걸린 전압을 의미한다.

$$V - IR - \frac{Q}{C} = 0 \tag{1}$$

$I = \frac{dQ}{dt}$이기 때문에 식 (1)의 미분방정식을 풀면 식 (2)~(4)를 구할 수 있다.

$$Q = Q_0\left(1 - e^{\frac{-t}{RC}}\right) \tag{2}$$

$$I = \frac{dQ}{dt} = I_0 e^{\frac{-t}{RC}} \tag{3}$$

$$V_C = \frac{Q}{C} = V_0\left(1 - e^{\frac{-t}{RC}}\right) \tag{4}$$

여기서 Q_0는 축전기가 완전히 충전되었을 때의 전하량, I_0는 회로에 흐르는 처음 전류, V_0는 완전히 충전되었을 때 축전기 양단의 전위차, 그리고 V_C는 임의의 시간 t에서 축전기 양단의 전위차를 나타낸다. 전압이 0V에서 V_0의 63.2%까지 충전되는 데 걸리는 시간 또는 전류가 I_0의 36.8%로 감소하는 데 걸리는 시간을 용량형 시상수(τ)라고 하며, $\tau = R \times C$로 표현된다. 한편, 축전기를 충전한 후 [그림 2]와 같이 회로를 연결하여 방전시키면, 전압과 전류 관계식은 식 (5)와 같다.

$$IR = \frac{Q}{C} \tag{5}$$

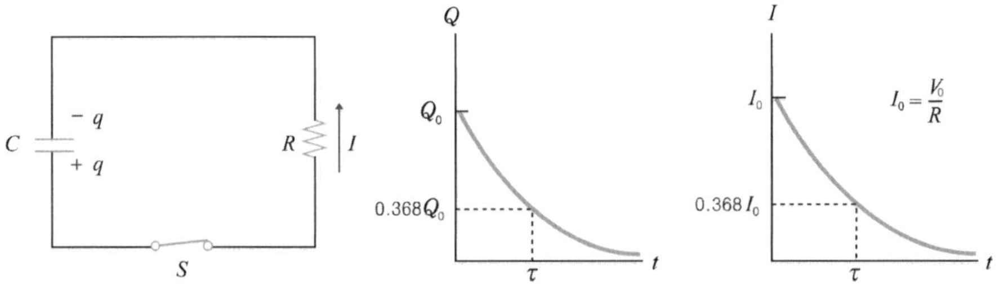

[그림 2] RC 회로의 방전

여기서 식 (5)를 적분하면 식 (6)~(8)을 구할 수 있다.

$$Q = Q_0\, e^{\frac{-t}{RC}} \tag{6}$$

$$I = -\frac{dQ}{dt} = I_0 e^{\frac{-t}{RC}} \tag{7}$$

$$V_C = \frac{Q}{C} = V_0\, e^{\frac{-t}{RC}} \tag{8}$$

충전 과정과 비슷하게 방전 과정에서도 전압이 초기 전압 V_0의 36.8%까지 감소하거나 전류가 초기 전류 I_0의 63.2%로 감소하는 데 걸리는 시간을 용량형 시상수라고 한다. 시상수는 $\tau = R \times C$이다.

3. 실험장치

전자실험기기 1대, 저항 2개, 축전기 2개, 전압 공급기, 인터페이스, 컴퓨터, 전압센서

4. 실험방법

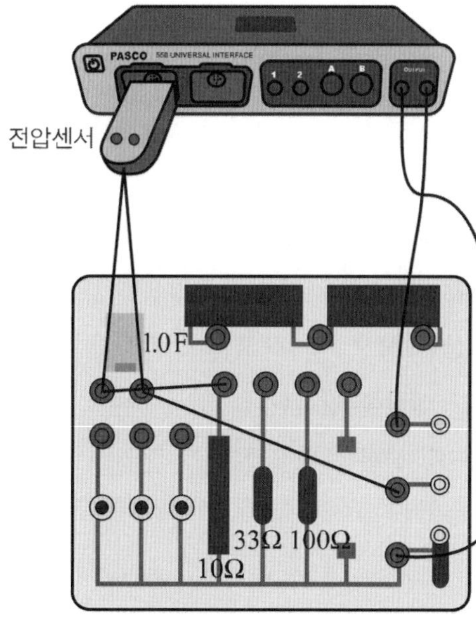

[그림 3] RC 회로 실험장치

① [그림 3]과 같이 저항과 축전기를 연결하여 실험장치를 구성하고 인터페이스에 전압센서를 연결한다. 축전기의 극성을 확인하여 극성이 틀리지 않도록 회로에 연결한다. 일반적으로 연결선의 긴 쪽이 축전기의 +극성이다.

② 왼쪽의 Tools 중 상위에 있는 Hardware Setup( )을 눌러서 인터페이스와 센서들이 잘 연결되어 있는지 확인한다. 연결이 잘되었다면 아래 그림과 같이 나타난다.

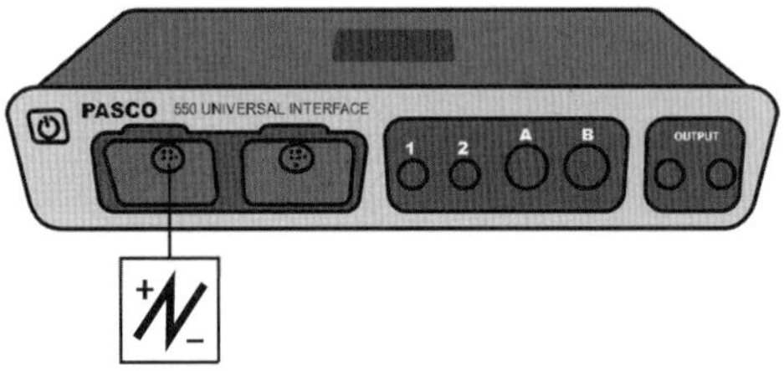

③ 왼쪽의 Signal Generator 아이콘( )을 선택한다. Signal Generator에서 waveform을 DC 전압으로 선택하고, DC Voltage를 5.0V로 조정한다. 인터페이스에 있는 Signal Generator의 바나나잭 부분을 [그림 3]의 전압 부분에 있는 회로에 연결한다.

④ 축전지의 극을 확인한 다음 전압센서의 양 끝에 있는 바나나잭을 축전기에 연결한다. 축전기의 전하가 저항을 통하여 완전히 방전되도록 RC 회로 실험장치에 있는 연결 스위치를 돌린다. 축전기가 완전히 방전되면 전압은 0V가 된다.

⑤ 오른쪽 화면의 Graph 아이콘을 드래그하여 x축은 시간, y축은 전압으로 설정한다. Record( )를 클릭하고, RC 회로 실험장치의 연결 스위치를 돌려서 축전기를 충전시킨다. 완전히 충전되면 Stop( )을 클릭하여 측정을 완료한다. 충전 실험에서 시상수를 구하고 이론적으로 계산한 시상수와 비교한다.

⑥ Record( )를 클릭하고, RC 회로 실험장치의 연결 스위치를 돌려서 축전기를 방전시킨다. 완전히 방전되면 Stop( )을 클릭하여 측정을 완료한다. 방전 실험에서 시상수를 구하고 이론적으로 계산한 시상수와 비교한다.

⑦ 저항을 변경하여 ⑤~⑥ 실험을 반복한다.

⑧ 축전기를 변경하여 ⑤~⑥ 실험을 반복한다.

결과보고서 6. RC 직렬회로의 충전과 방전

학과 : 학번 : 이름 :

실험 날짜 : 공동 실험자 :

1. 실험결과 및 분석

[표 1] 시상수

저항 $R\,[\Omega]$	전기용량 $C\,[\mu F]$	시상수 이론값 $\tau\,[s]$	시상수 $\tau\,[s]$ 실험값			
			충전	오차[%]	방전	오차[%]

질문 1. 축전기에 전압을 충전할 때에 시간에 따른 축전기 양단의 전압의 변화를 알아보자.

질문 2. 축전기에 전압을 방전할 때에 시간에 따른 축전기 양단의 전압의 변화를 알아보자.

질문 3. 축전기의 전기용량과 시상수의 관계를 알아보자.

2. 실험결과에 대한 논의

실험7 도선의 자기력

1. 목적

균일한 외부 자기장 내에서 도선에 전류가 흐를 때 도선이 받는 힘을 측정하여 전류, 도선의 길이, 자기장의 세기 사이의 자기력 관계를 살펴보자.

2. 이론

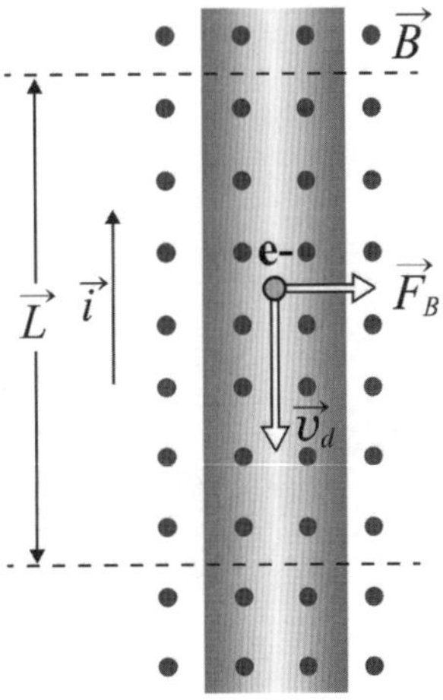

[그림 1] 전자에 작용하는 자기력

전류는 운동 전하의 집합이다. [그림 1]은 외부 자기장 $\vec{B}$ 내에서 전류 $\vec{i}$가 흐르는 길이 $\vec{L}$인 도선을 나타낸다. 금속 도선에서 전류 $\vec{i}$는 전도전자에 의하여 운반되는데, 이러한 전도전자에 작용하는 힘은 로렌츠 법칙에 의해 식 (1)로 주어진다.

$$\vec{F}_B = q\vec{v}\times\vec{B} \tag{1}$$

주어진 시간 $t = L/v_d$ 동안 도선의 단면을 통과하는 전하량은 $q = i\dfrac{L}{v_d}$(v_d: 전자의 유동속도)이므로 전도전자에 작용하는 힘은 $F_B = qv_dB\sin\theta = \left(i\dfrac{L}{v_d}\right)v_dB\sin 90^\circ$이고 도선이 받는 힘은 $F_B = iLB$이다. 따라서 전류의 크기가 i, 도선의 길이가 L, 자기장의 세기가 B, 자기장과 도선 사이의 각이 θ인 경우, 자기장 내에서 전류가 흐르는 도선이 받는 힘의 크기와 방향은 식 (2)와 같이 표현된다.

$$\vec{F}_B = i\vec{L}\times\vec{B} \tag{2}$$

3. 실험장치

베이스, 도선 지지대, 전류천칭 세트, 리드선, 전원 공급장치, 멀티테스터, 전자저울

4. 실험방법

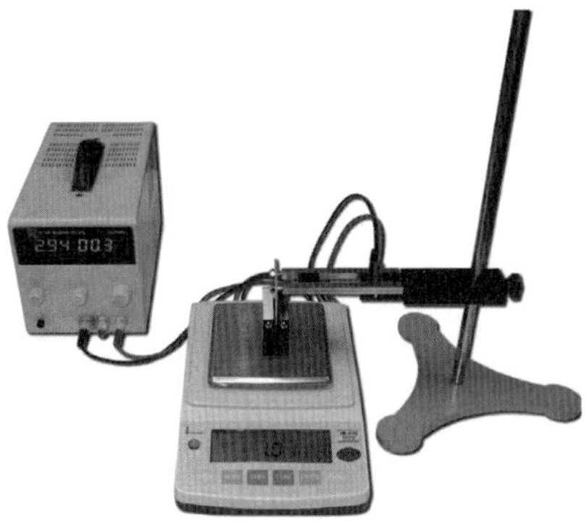

[그림 2] 실험장치

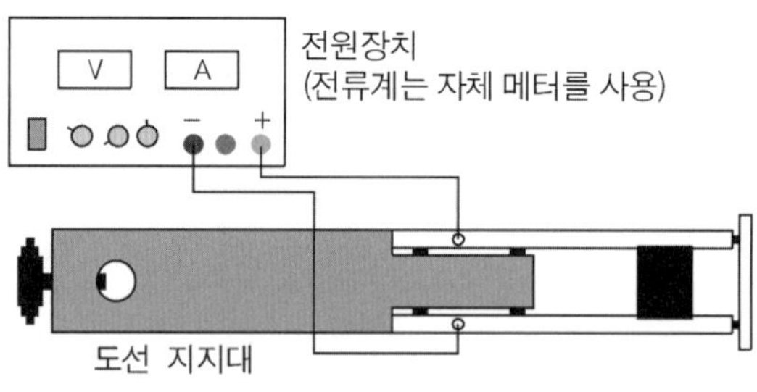

[그림 3] 실험장치의 연결

① [그림 2]와 같이 실험장치를 설치한다. 도선 지지대에 기판을 끼워 고정한다.

② 전자저울을 켜고 저울 위에 자석을 올려놓는다. 자석 사이에 기판을 놓고 높이를 잘 조절한 후 영점 버튼(Tare button)을 누른다.

③ [그림 3]과 같이 전원 공급장치를 리드선 지지 단자에 연결한다. 이 실험에서 전자저울은 전류 도선이 받는 힘을 측정하기 위해 사용된다.

④ 실험에 사용할 직선 도선의 길이를 측정하여 표에 기록한다.

⑤ 4.0cm 길이의 38번 도선을 실험 장치에 설치한다. 전류를 0.5A 씩 증가시키며 힘을 측정하고 데이터를 기록한다. 전류의 변화에 따른 자기력 F_B의 변화 그래프를 그려 보자.

⑥ 도선에 2.0A의 전류를 인가한다. 도선의 길이를 변화시켜 힘을 측정하고 표에 데이터를 기록한다. 도선의 길이 변화에 따른 F_B의 변화를 그래프로 그려 보자.

결과보고서7. 도선의 자기력

학과 : 학번 : 이름 :

실험 날짜 : 공동 실험자 :

1. 실험결과 및 분석

자기장 = T

1) 전류(I)를 변화시킬 때

$L =$ cm

[표 1] 전류와 자기력의 관계

전류(A)	질량(kg)	힘(N)		오차[%]
		실험값	이론값	

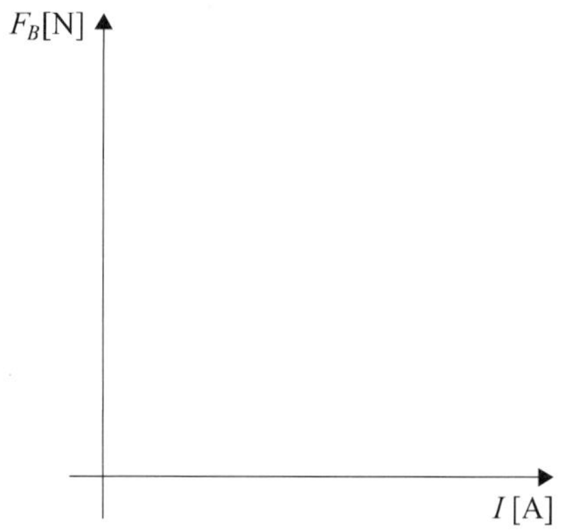

[그래프 1] 전류와 자기력

기울기 =

자기장 = T

오차 = %

질문. 도선에 흐르는 전류와 자기력의 관계를 알아보자.

2) 도선의 길이(L)를 변화시킬 때

$I =$ A

[표 2] 도선의 길이와 자기력의 관계

번호	도선의 길이 L[m]	질량(kg)	힘(N)		오차[%]
			실험값	이론값	
37					
38					
39					
40					
41					
42					

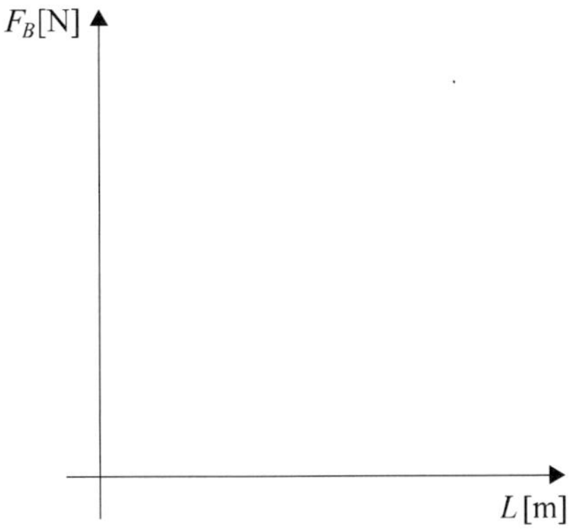

[그래프 2] 도선의 길이와 자기력

기울기 =

자기장 = T

오차 = %

질문. 일정한 전류가 흐르는 도선의 길이와 자기력의 관계를 알아보자.

2. 실험결과에 대한 논의

실험8 도선의 자기장

1. 목적

직선 도선에 흐르는 전류와 자기장의 관계를 알아보고, 일정한 전류가 흐르는 직선 도선에서 멀어질수록 자기장의 세기가 어떻게 변화하는지 살펴보자. 원형 도선에 인가하는 전류와 자기장의 관계를 알아보자.

2. 이론

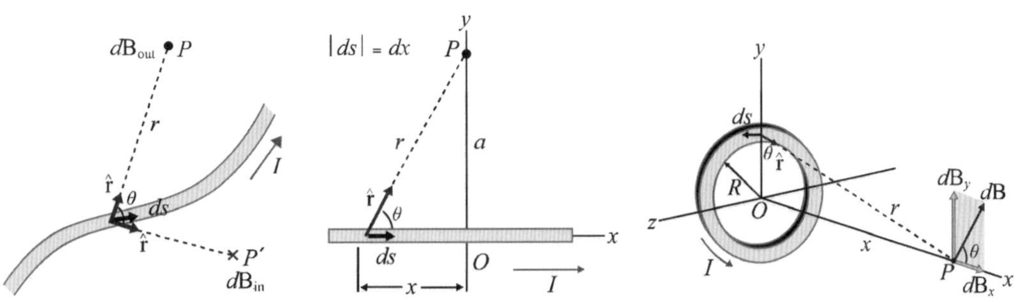

(a) 미소변위에 흐르는 전류 (b) 직선 도선에 흐르는 전류 (c) 원형 도선에 흐르는 전류

[그림 1] 비오-사바르의 법칙

[그림 1(a)]의 미소변위 ds에 전류 I가 흐른다면, 미소변위에서 거리 r만큼 떨어진 지점의 자기장의 세기는 비오-사바르의 법칙을 이용하여 식 (1)과 같이 나타낼 수 있다.

$$dB = \frac{\mu_0}{4\pi}\frac{I}{r^2}\vec{ds}\times\frac{\vec{r}}{r} \tag{1}$$

$$\mu_0 = 4\pi\times10^{-7}\ \mathrm{T\,m/A}:\ \text{permeability of free space}$$

[그림 1(b)]의 직선 도선에 흐르는 전류 I에 의한 자기장을 비오-사바르의 법칙을 이용하여 유도해 보자.

$$dB = \frac{\mu_0 I}{4\pi}\frac{dx\sin\theta}{r^2}$$

$$r = \frac{a}{\sin\theta} = a\csc\theta,\quad x = -a\cot\theta$$

$$dB = \frac{\mu_0 I}{4\pi}\frac{a\csc^2\theta\sin\theta d\theta}{a^2\csc^2\theta} = \frac{\mu_0 I}{4\pi}\sin\theta d\theta$$

$$B = \frac{\mu_0 I}{4\pi}\int_{\theta_1}^{\theta_2}\sin\theta d\theta = \frac{\mu_0 I}{4\pi}(\cos\theta_1 - \cos\theta_2) \tag{2}$$

$$\text{무한도선의 경우: } B = \frac{\mu_0 I}{2\pi a}$$

여기에서 B는 자기장의 세기, a는 직선 도선과 자기센서와의 거리를 나타낸다.

[그림 1(c)]와 같이 반지름이 R인 원형 도선에 전류 I가 흐르는 경우, 원의 중심에서 원에 수직인 방향으로 거리 x만큼 떨어진 지점에서의 자기장은 식 (3)과 같다.

$$B_x = \oint dB\cos\theta = \frac{\mu_0 I}{4\pi}\oint\frac{ds\cos\theta}{x^2+R^2}$$

$$B_x = \frac{\mu_0 I R}{4\pi(x^2+R^2)^{3/2}}\oint ds$$

$$B = \frac{\mu_0 I R^2}{2(x^2+R^2)^{3/2}} \tag{3}$$

3. 실험장치

바나나잭, 자기센서, 인터페이스, 컴퓨터, 전류 공급장치, 직선 도선, 원형 도선

4. 실험방법

1) 직선 도선

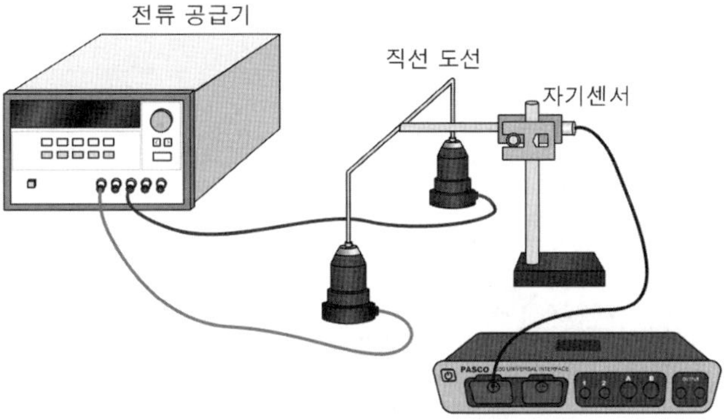

[그림 2] 직선 도선에 의한 자기장

① 자기센서와 직선 도선, 인터페이스를 [그림 2]와 같이 설치한다.

② 프로그램 왼쪽의 Tools 중 상위에 있는 Hardware Setup(Hardware Setup)을 눌러서 인터페이스와 센서가 잘 연결되어 있는지 확인한다. 연결이 잘되었다면 아래 그림과 같이 나타난다. 화면에서 자기장을 측정하는 Table을 확인하고 Table에서 아이콘(Σ ▾)을 선택하여 평균값을 측정한다.

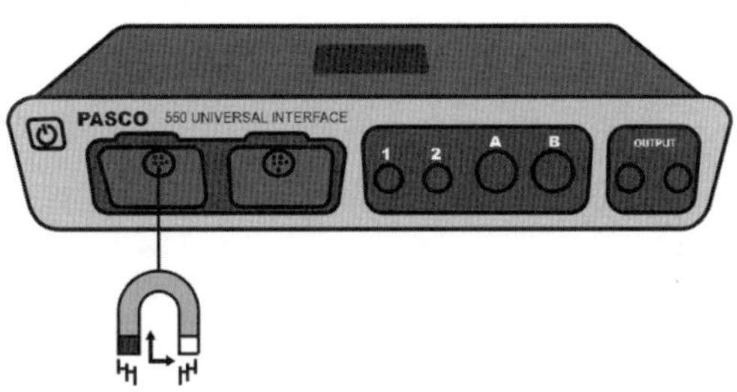

③ 자기센서의 영점을 조절한다. 같은 높이의 직선 도선의 중간 위치에서 자기센서를 20cm 정도 떨어뜨린다.

④ 자기센서와 직선 도선의 중심 사이의 거리가 약 5.0mm가 되도록 자기센서를 이동시킨다.

⑤ 전류 I를 1.0A 간격으로 0A에서 10A까지 증가시키면서 Record(Record)를 눌러 측정한다. Stop(Stop)을 클릭하여 측정을 완료한다.

⑥ 여러 번 측정하고 표에 자기장의 평균값 B를 기록한다. 0A에서 측정한 자기장의 크기가

0이 아닌 경우에는 실험 후 실험값을 보정해야 한다.

⑦ x축을 I, y축을 B로 하는 그래프를 그린다. 그래프의 기울기에서 공기의 투자율을 구한다.

2) 원형 도선

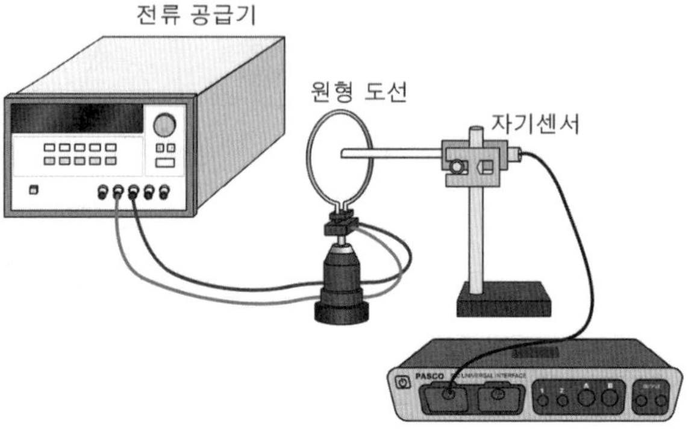

[그림 3] 원형 도선에 의한 자기장

① 자기센서와 원형 도선 인터페이스를 [그림 3]과 같이 설치한다.

② 실험 1)의 ②~③과 같이 설치한다.

③ 자기센서를 원형 도선의 중심에 위치하도록 이동시킨다.

④ 실험 1)의 ⑤~⑦과 같이 실험값을 측정한다.

결과보고서8. 도선의 자기장

학과 : 학번 : 이름 :

실험 날짜 : 공동 실험자 :

1. 실험결과 및 분석

1) 직선 도선

도선의 중심과 자기센서와의 거리 = m

도선의 길이 = m

도선과 센서가 이루는 각도 = °

[표 1] 직선 도선에 흐르는 전류와 자기장

전류[A]	자기장의 세기(실험값)[T]		자기장의 세기(이론값) [T]	오차 [%]
	측정값	보정값		

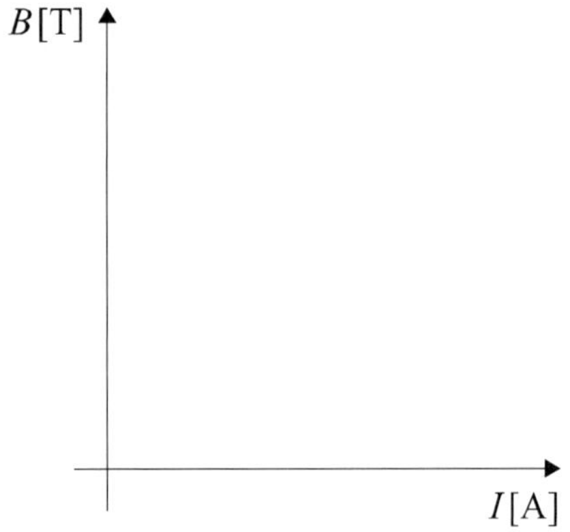

[그래프 1] 직선 도선의 전류와 자기장

기울기 =

투자율 =

투자율에 대한 오차 = %

질문 1. 직선 도선에 흐르는 전류와 자기장의 관계를 알아보자.

질문 2. 직선 도선에 의해 생기는 자기장을 관찰하면서 자기력선이 어떻게 생기는지 생각해 보자.

2) 원형 도선

원형 도선의 지름 =   m

[표 2] 원형 도선에 흐르는 전류와 자기장

전류[A]	자기장의 세기(실험값)[T]		자기장의 세기(이론값) [T]	오차 [%]
	측정값	보정값		

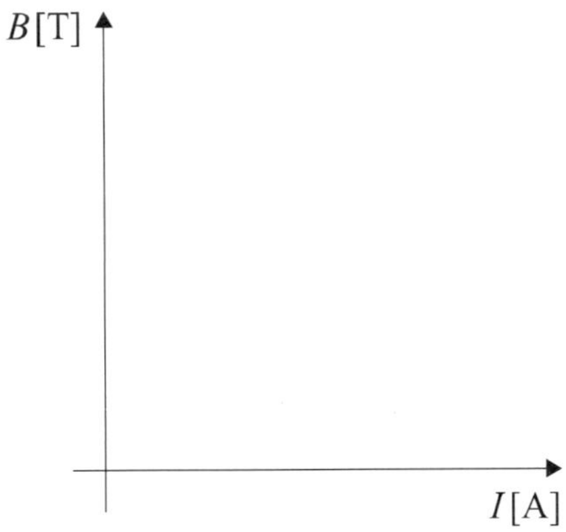

[그래프 1] 직선 도선의 전류와 자기장

기울기 =

투자율 =

투자율에 대한 오차 =   %

질문 1. 원형 도선에 흐르는 전류와 자기장의 관계를 알아보자.

질문 2. 원형 도선에 의해 생기는 자기장을 관찰하면서 자기력선이 어떻게 생기는지 생각해 보자.

2. 실험결과에 대한 논의

실험9 자석의 자기장

1. 목적

원형 자석의 거리에 따른 자기장을 측정하여 원형 자석의 자기모멘트를 구해 보자.

2. 이론

막대자석은 북극(N)과 남극(S)으로 표시된 두 개의 극이 있고, 자석을 둘로 나누어도 두 개로 분리되지 않기 때문에 쌍극자라 불린다. 즉, 분리된 각 자석에는 여전히 N극과 S극이 존재한다. 이 두 극에 의한 자기장은 자석의 자기모멘트에 의하여 생성된다. 쌍극자의 자기장은 원형 도선에 흐르는 전류에 의해 생기는 자기장처럼 보인다. 따라서 원형 도선의 자기장을 구하여 쌍극자의 자기장을 이해할 수 있다.

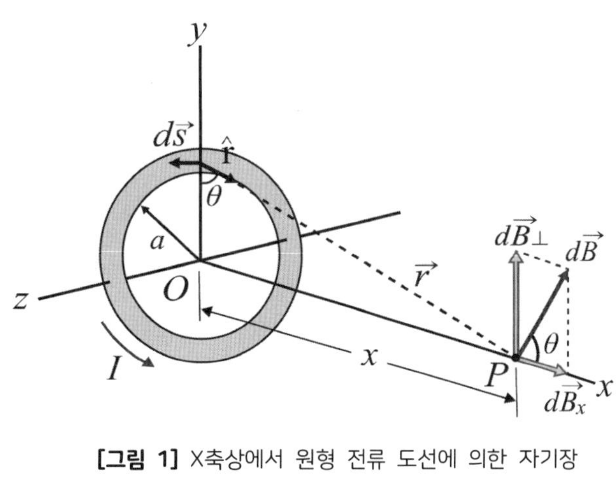

[그림 1] X축상에서 원형 전류 도선에 의한 자기장

[그림 1]과 같이 반지름이 a이고 전류 I가 흐르는 원형 도선이

yz평면에 있다. 이 원형 도선의 중심인 원점 O에서 x축의 방향으로 x만큼 떨어진 위치 P에서의 자기장을 구해 보자.

미소변위 $d\vec{s}$에 전류 I가 흐를 경우, $d\vec{s}$에서 거리 $\vec{r}$만큼 떨어진 지점의 자기장의 세기는 비오-사바르의 법칙을 이용하여 식 (1)과 같이 나타난다.

$$d\vec{B} = \frac{\mu_0}{4\pi}\frac{I}{r^2}\frac{d\vec{s}\times\vec{r}}{r} \quad \textbf{(1)}$$

$$\mu_0 = 4\pi\times 10^{-7}\mathrm{Tm/A}: \text{진공의 투과율}$$

유도된 자기장 $d\vec{B}$는 $d\vec{B}_x$와 $d\vec{B}_\perp$ 성분으로 분해할 수 있다. 원형 도선의 전체 자기장의 x축에 수직인 성분은 대칭에 의해 상쇄된다. 따라서 원형 도선의 전류에 의한 자기장은 $d\vec{B}_x$ 성분만 남게 된다. 그러므로 전류 I가 흐르는 반지름이 a인 원형 도선의 경우, 원과 수직인 방향으로 원의 중심에서 x만큼 떨어진 지점에서의 자기장은 식 (2)와 같다.

$$B_x = \oint dB\cos\theta = \frac{\mu_0 I}{4\pi}\oint\frac{ds\cos\theta}{x^2+a^2}$$

$$B_x = \frac{\mu_0 I}{4\pi}\frac{a}{(x^2+a^2)^{3/2}}\oint ds$$

$$B_x = \frac{\mu_0 I a^2}{2(x^2+a^2)^{3/2}} \quad \textbf{(2)}$$

원형 도선의 자기모멘트는 도선에 흐르는 전류와 원의 면적의 곱으로 표현된다. 원의 중심으로부터의 거리 x가 반지름 a보다 매우 큰 경우($x \gg a$), 식 (2)에서 분모를 x^3으로 근사하여 식 (3)으로 표현할 수 있다. 여기서 μ는 자기모멘트이고, 원형 도선을 하나의 자석으로 간주하면 자석의 자기모멘트를 구할 수 있다.

$$B \approx \frac{\mu_0}{2\pi}\frac{\mu}{x^3} \quad \textbf{(3)}$$

3. 실험장치

원형 자석, 자기센서, 인터페이스, 자

4. 실험방법

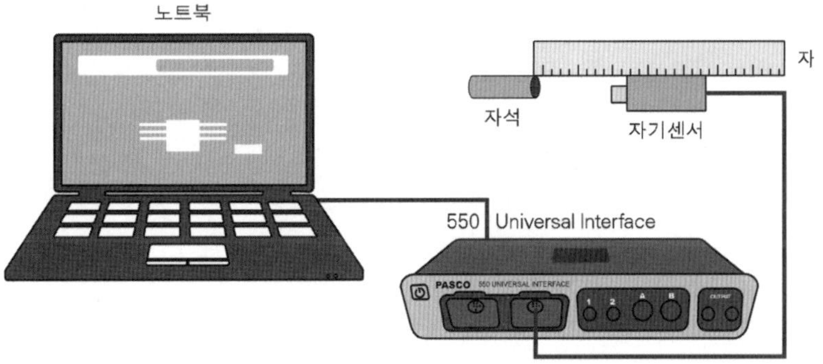

[그림 2] 실험장치

① 자기센서와 원형 자석을 인터페이스와 함께 [그림 2]와 같이 설치한다.

② 프로그램 왼쪽의 Tools 중 상위에 있는 Hardware Setup(Hardware Setup)을 눌러서 인터페이스와 자기센서가 잘 연결되어 있는지 확인한다. 연결이 잘되었다면 다음 그림과 같이 나타난다. 화면에서 자기장을 측정하는 Table을 확인하고 Table에서 아이콘(Σ ▾)을 선택하여 평균값을 측정한다.

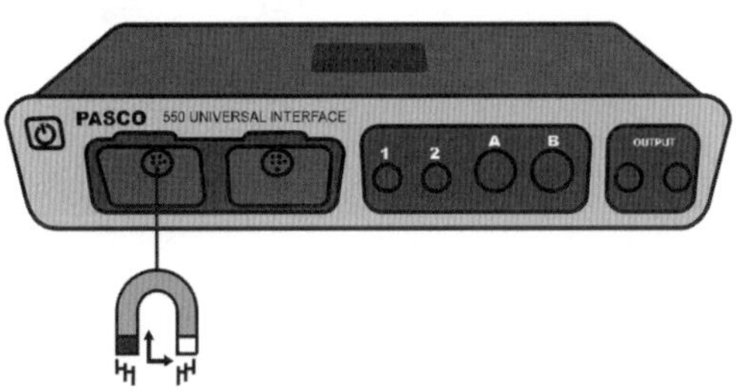

③ 자기센서의 영점을 조절한다. 원형 자석에 자기센서를 붙인다. 측정되는 거리(x)는 원형 자석의 가운데 위치에서 자기센서까지의 거리이다.

④ 자기센서를 이동시켜서 거리에 따른 자기장 B를 측정한다.

⑤ x축을 거리, y축을 자기장의 세기 B로 하는 그래프를 그린다.

⑥ 여러 가지 영구자석을 사용하여 ④~⑤ 실험을 반복한다.

결과보고서9. 자석의 자기장

학과 :　　　　학번 :　　　　이름 :

실험 날짜 :　　　　공동 실험자 :

1. 실험결과 및 분석

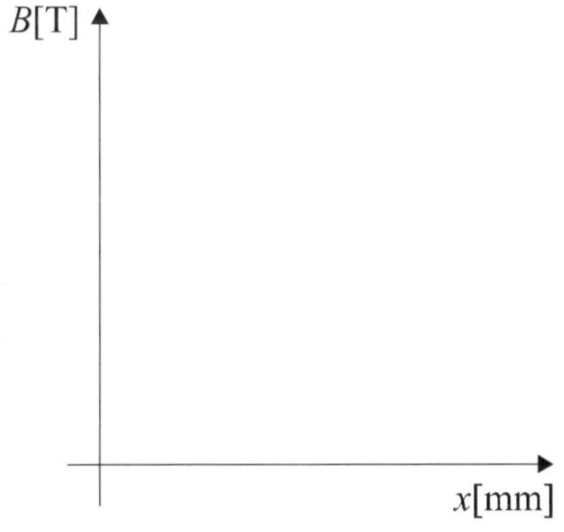

[그래프 1] 자석의 거리에 따른 자기장

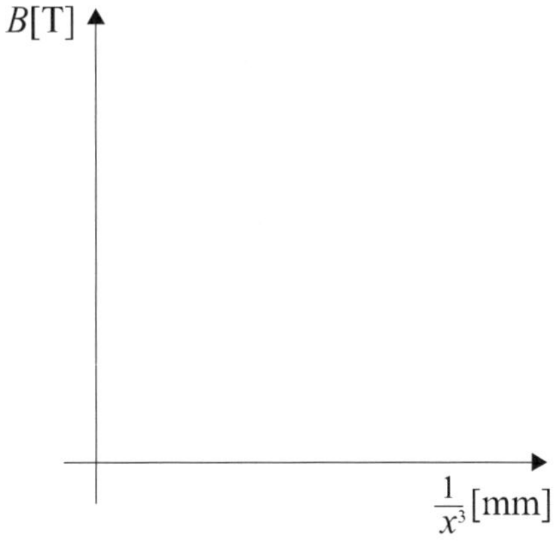

[그래프 2] 자기모멘트 구하기

기울기 =

자기모멘트 = 　　　　A • m^2

질문 1. 원형 자석의 거리에 따른 자기장의 크기를 알아보자.

질문 2. 원형 자석의 자기모멘트를 구해 보자.

결과보고서

2. 실험분석 및 결론

실험10 솔레노이드의 자기장

1. 목적

솔레노이드와 토로이드에 인가하는 전류와 자기장의 관계를 알아보자. 일정한 전류가 흐르는 솔레노이드로부터 떨어진 거리에 따른 자기장의 세기를 알아보자.

2. 이론

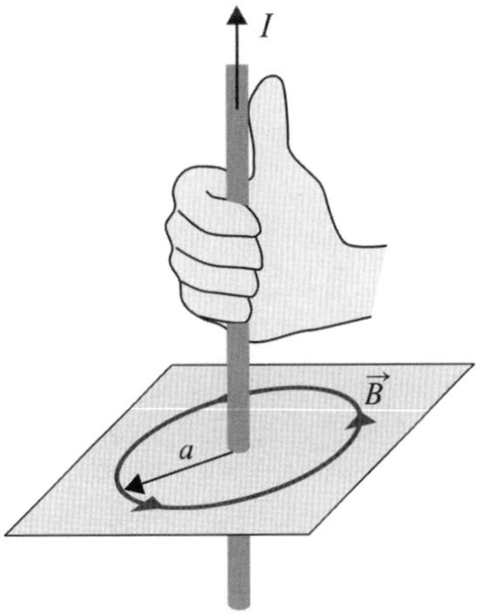

[그림 1] 긴 직선 도선 주위의 자기장

[그림 1]과 같이 긴 직선 도선에 전류가 흐르면, 도선 주위로 자기장이 생성된다. 전류 I와 자기장 $\vec{B}$의 관계는 식 (1)과 같고 이를 앙페르 법칙이라 한다. 즉 닫힌 경로에서 $\vec{B}$와 미소변위 $\vec{ds}$의 선적분은 $\mu_0 I$와 같다. 여기에서 I는 닫힌 경로로 둘러싸인 임의의 면을 통과하는 총 정상 전류이다.

$$\oint \vec{B} \cdot \vec{ds} = \mu_0 I \tag{1}$$

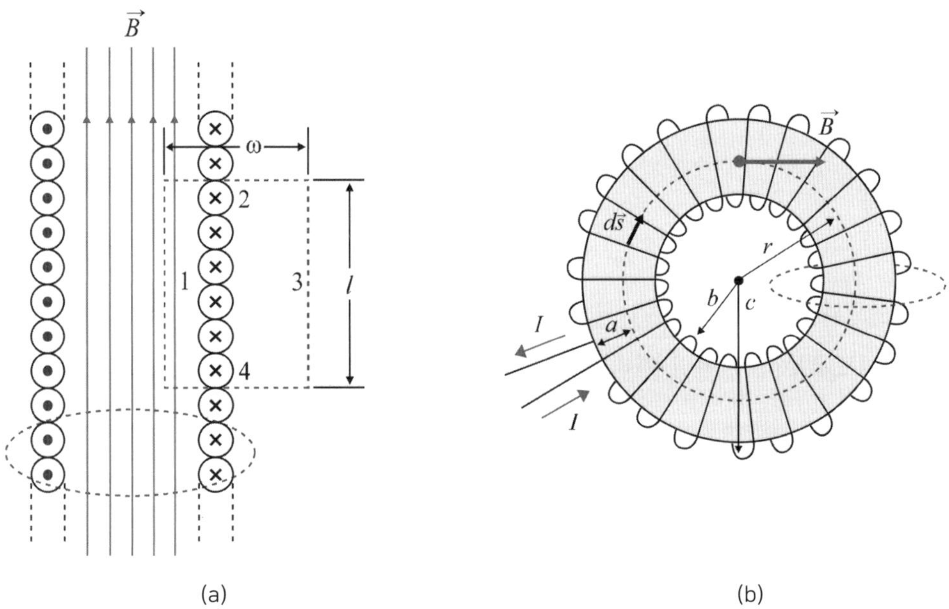

[그림 2] (a) 솔레노이드의 자기장, (b) 토로이드의 자기장

[그림 2(a)]와 같은 솔레노이드의 경우, 코일 외부의 자기장이 거의 0이라 가정하자. 전류 I가 흐르는 원형 코일을 N번 감은 솔레노이드 내부의 자기장은 앙페르의 법칙을 이용하여 식 (2)와 같이 유도할 수 있다.

$$\oint B \cdot ds = \int_{path\,1} B \cdot ds = B\int_{path\,1} ds = Bl$$

$$\oint B \cdot ds = Bl = \mu_0 NI$$

$$B = \mu_0 \frac{N}{l} I = \mu_0 nI \tag{2}$$

여기에서 n은 단위길이당 감은 횟수이다. 솔레노이드가 원형 전류 코일의 다발이라고 가정하면, 비오-사바르의 법칙을 이용하여 자기장의 세기를 유도하더라도 그 결과는 앙페르 법칙에 의해 유도한 식과 같다.

토로이드는 [그림 2(b)]와 같이 도선을 링 모양으로 N번 감은 것이다. 도선을 촘촘히 감았다고 가정하면 전류 I가 흐르는 중심 r인 코일 안쪽에서의 자기장의 세기는 식 (3)과 같이 유도할 수 있다.

$$\oint B \cdot ds = B\oint ds = B(2\pi r) = \mu_0 NI$$

$$B = \frac{\mu_0 NI}{2\pi r} \tag{3}$$

3. 실험장치

바나나잭, 자기센서, 전류 공급장치, 서포트잭, 솔레노이드, 토로이드

4. 실험방법

1) 솔레노이드 실험

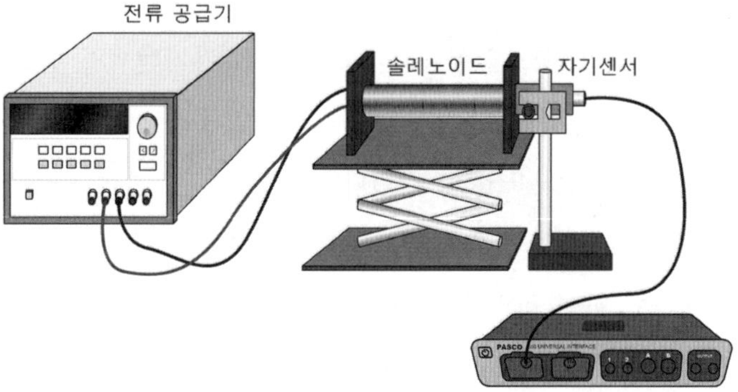

[그림 3] 솔레노이드의 자기장 측정

① 자기센서와 솔레노이드 인터페이스를 [그림 3]과 같이 설치한다.

② 프로그램 왼쪽의 Tools 중 상위에 있는 Hardware Setup( )을 눌러서 인터페이스와 센서가 잘 연결되어 있는지 확인한다. 연결이 잘되었다면 아래 그림과 같이 나타난다. 화면에서 힘을 측정하는 Table을 확인하고 Table에서 아이콘( )을 선택하여 평균값을 측정한다.

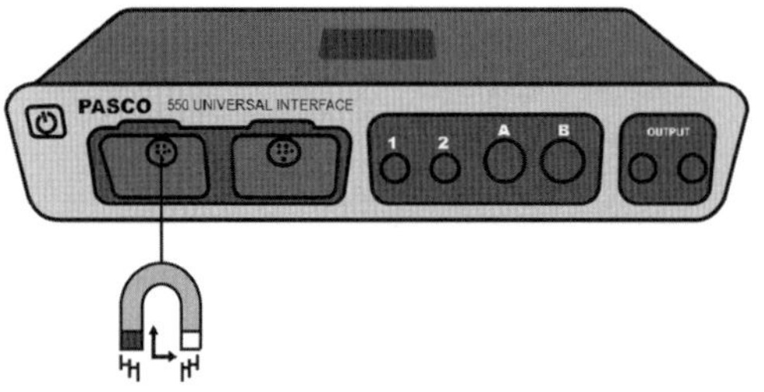

③ 자기센서를 영점 조정한다. 자기센서의 높이를 솔레노이드의 원 중심에, 솔레노이드 전체 길이의 중간 부분에 위치하게 한다.

④ 0.4A 간격으로 전류 I를 0에서 3.2A로 증가시키면서 Record( )를 눌러 측정하고, 측정한 자기장의 세기를 표에 기록한다.

⑤ 여러 번 측정하고 자기장의 평균값 B를 표에 기록한다. 0A에서 측정한 자기장의 크기가 0이 아닌 경우에는 실험 후 실험값을 보정해야 한다.

⑥ x축을 전류, y축을 자기장의 세기로 하는 그래프를 그린다. 이 그래프의 기울기를 이용하여 투자율을 구한다.

2) 솔레노이드 내부의 자기장

① [그림 3]과 같이 솔레노이드 실험장치를 설치한다. 자기센서의 영점을 조정한다.

② 솔레노이드에 2.0A의 전류를 인가한다. 자기센서를 솔레노이드의 중심에 위치시킨다. 솔레노이드 중심의 위치를 0cm로 정한다.

③ 일정한 간격으로 자기센서를 바깥쪽으로 이동시켜 자기장을 측정한다. x축을 거리, y축을 자기장의 세기로 하여 그래프를 그린다.

3) 토로이드 실험

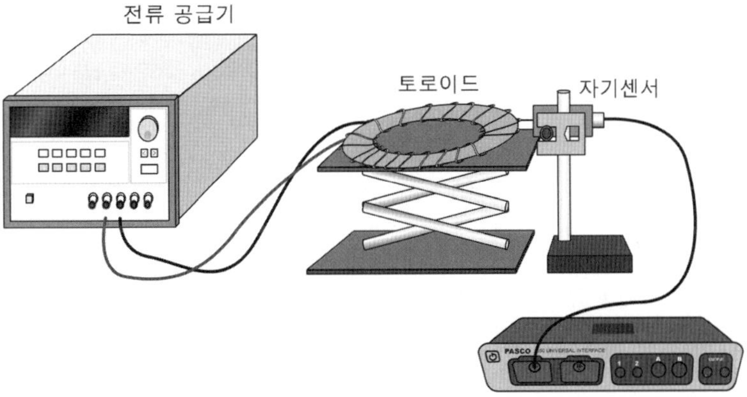

[그림 4] 토로이드 실험장치

① 자기센서와 토로이드, 인터페이스를 [그림 4]와 같이 설치한다.

② 실험을 할 때에 자기센서를 토로이드의 중심에 위치시키고 실험 1)의 ②~⑥ 실험을 반복한다.

결과보고서 10. 솔레노이드의 자기장

학과 : 학번 : 이름 :
실험 날짜 : 공동 실험자 :

1. 실험결과 및 분석

1) 솔레노이드 실험

솔레노이드의 길이 = m

솔레노이드의 감은 횟수 =

솔레노이드의 반지름 = m

[표 1] 솔레노이드의 전류와 자기장

전류[A]	자기장의 세기(실험값)[T]		자기장의 세기(이론값) [T]	퍼센트 오차 [%]
	측정값	보정값		

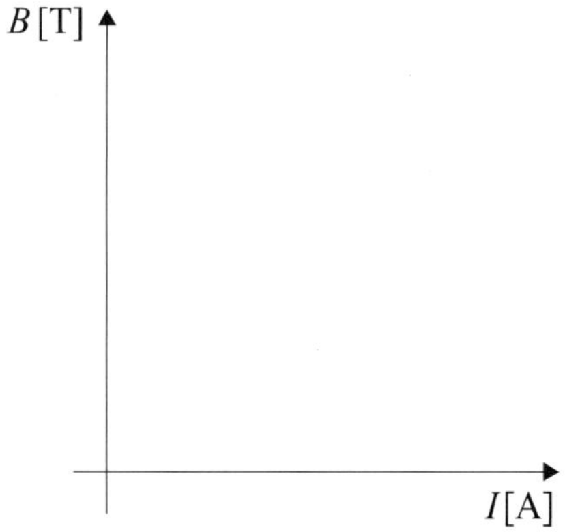

[그래프 1] 솔레노이드의 전류와 자기장

기울기 =

투자율 =

투자율에 대한 오차 = %

질문 1. 솔레노이드의 전류와 자기장의 관계를 알아보자.

질문 2. 무한한 길이의 솔레노이드와 실험장치의 솔레노이드 내부의 자기장의 차이를 생각해 보자.

2) 솔레노이드 내부의 자기장

도선에 인가하는 전류 =   A

[표 2] 솔레노이드의 중심거리에 따른 자기장

솔레노이드 중심과 센서 사이의 거리 [m]	자기장의 세기(실험값)[T]		솔레노이드 중심과 센서 사이의 거리 [m]	자기장의 세기(실험값) [T]
	실험값	보정값		

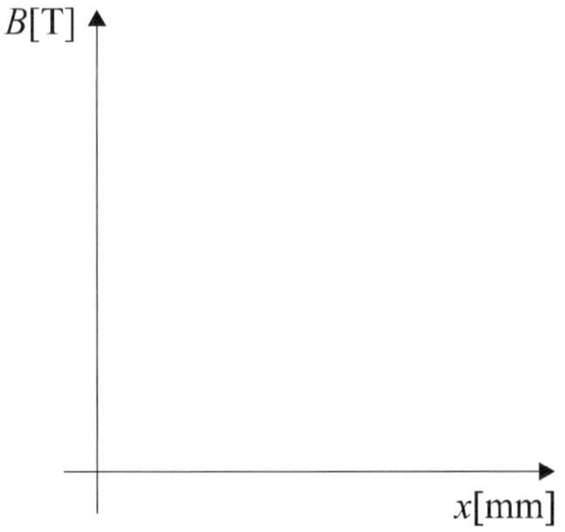

[그래프 2] 솔레노이드 중심거리에 따른 자기장

질문. 솔레노이드 중심에서 멀어질수록 자기장이 어떻게 변화되는지 알아보자.

3) 토로이드 실험

토로이드의 반지름 = m

[표 3] 토로이드의 전류와 자기장

전류[A]	자기장의 세기(실험값)[T]		자기장의 세기(이론값)[T]	오차[%]
	측정값	보정값		

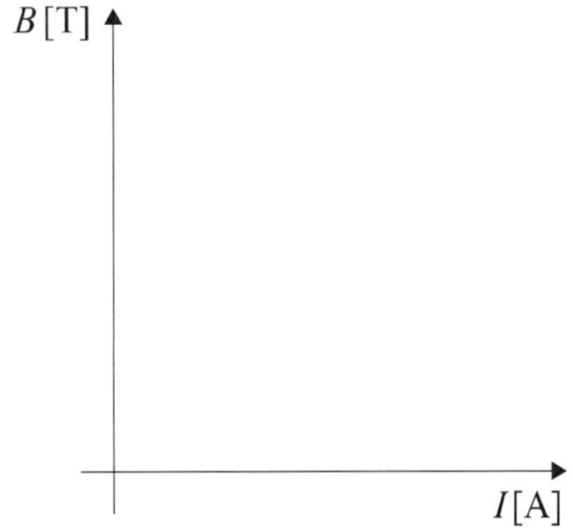

[그래프 3] 토로이드의 전류와 자기장

기울기 =

투자율 =

투자율에 대한 오차 = %

질문. 토로이드의 전류와 자기장의 관계를 알아보자.

결과보고서

2. 실험결과에 대한 논의

실험11 패러데이의 유도법칙

1. 목적

코일을 통과하는 자속의 변화에 의해 발생하는 유도기전력을 측정하여 패러데이의 유도법칙을 이해하자.

2. 이론

코일에 유도되는 유도기전력은 코일을 관통하는 자속의 시간 변화율에 비례한다. 이를 패러데이의 유도법칙이라 하고 식 (1)과 같이 표현한다.

$$\varepsilon = -N\frac{d\Phi}{dt} \tag{1}$$

여기서 자기선속 Φ는 자기장 B와 코일의 단면적 A에 의해 $\Phi \equiv \int \vec{B} \cdot d\vec{A}$로 정의되며, N은 코일의 감은 횟수이다. 자기장이 코일면과 수직이면 $\Phi = BA$로 표현된다. A가 일정하고 시간이 지남에 따라 자기장이 변화하면, 평균 유도기전력은 식 (2)와 같다.

$$\varepsilon = -N\frac{\Delta\Phi}{\Delta t} = -N\frac{\Delta(BA)}{\Delta t} = -NA\frac{\Delta B}{\Delta t} \tag{2}$$

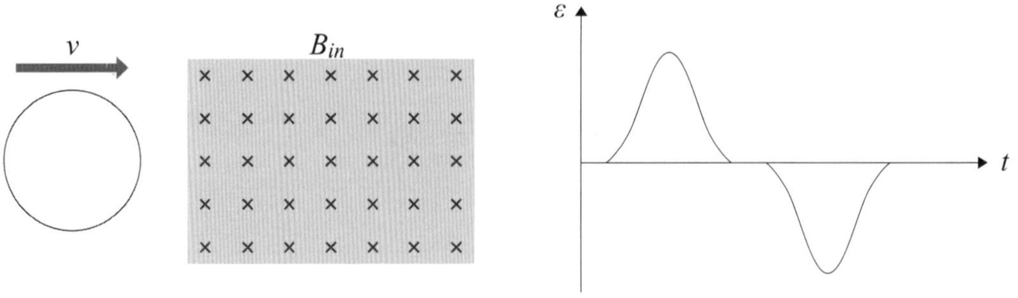

(a) 솔레노이드의 실험 (b) 유도기전력

[그림 1] 이동하는 솔레노이드에서 발생되는 유도기전력

[그림 1(a)]는 N번 감긴 솔레노이드가 등속도 v로 자기장 영역에 들어가는 것을 보여 준다. 패러데이 법칙에 의하여 솔레노이드에 유도되는 기전력은 [그림 1(b)]와 같다. 단위시간당 변화되는 면적이 원의 중심에 도달할 때까지 증가하다가 감소하므로 Φ의 변화에 의한 유도기전력은 점점 커지다가 원의 중심에서 가장 큰 값을 가진 후 다시 감소한다. 평균 유도 기전력은 식 (3)과 같이 구할 수 있다.

$$\varepsilon = -N\frac{d\Phi_B}{dt}$$

$$\varepsilon \bullet dt = -Nd\Phi_B$$

$$\int \varepsilon \bullet dt = \bar{\varepsilon} \bullet \Delta t = -N\int d\Phi_B = -N(B\times A - 0\times A) = -NBA$$

$$\bar{\varepsilon} = -\frac{NBA}{\Delta t} \tag{3}$$

3. 실험장치

유도코일(감은 횟수=200회), 영구자석, 스탠드, 봉, 클램프, 전압센서, 자기센서, 회전운동센서, 자

4. 실험방법

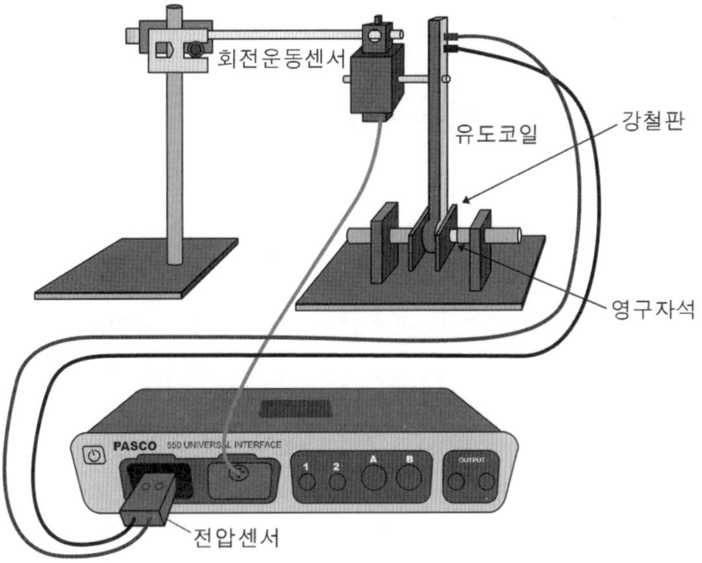

[그림 2] 유도기전력 실험장치

① [그림 2]와 같이 유도코일, 영구자석, 회전운동센서, 전압센서를 설치한다. 영구자석의 극 사이의 간격을 조절하여 코일 막대가 통과할 수 있지만 가능한 한 자석극끼리 가까이 있도록 한다. 유도코일의 높이를 조절하여 자석의 가운데에 오도록 한다. 전압센서 대신에 자기센서를 설치한다.

② 프로그램 왼쪽의 Tools 중 상위에 있는 Hardware Setup(Hardware Setup)을 눌러서 인터페이스와 센서가 잘 연결되어 있는지 확인한다. 연결이 잘되었다면 아래 그림과 같이 나타난다.

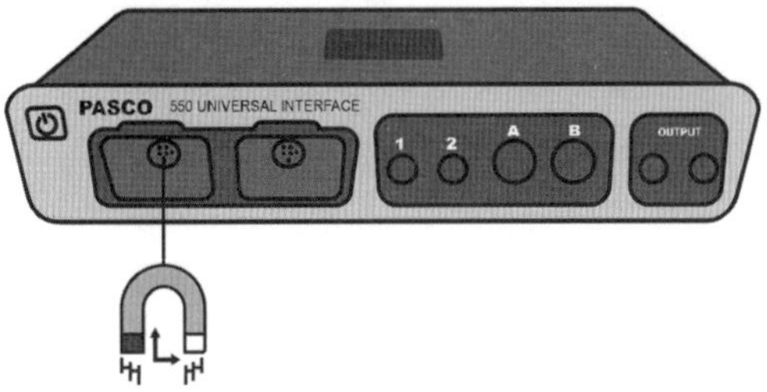

③ 화면에서 자기장을 측정하는 Table을 확인하고 Table에서 아이콘(Σ ▾)을 선택하여 평균값을 측정한다. 자기센서를 이용하여 자석극판 중앙 지점의 자기장을 측정한다. 자기장

측정 후 자기센서를 제거하고, 다음 그림과 같이 전압센서와 회전운동센서를 연결한다. 전압센서의 바나나 플러그를 유도코일 막대 끝의 바나나잭에 꽂는다.

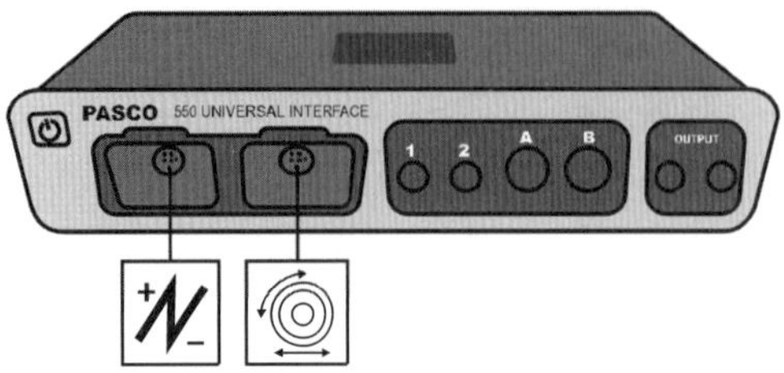

④ 화면 그래프에서 x축을 시간, y축을 전압으로 하는 그래프를 선택한다. Digit 아이콘을 드래그하고, 각도로 설정한다. Record( )를 클릭하고, 유도코일의 각도를 30°가 되도록 한다.

⑤ 극판 사이에서 코일을 1회 진동시킨다. 그런 다음 Stop( )을 클릭하여 측정을 완료한다. 전압-시간 그래프가 잘 그려지지 않으면 파일 하단의 주파수값을 변경한다.

⑥ 유도기전력의 면적을 구하기 위해 데이터가 그려진 전압-시간 그래프에서 Highlight range of points in active area( ) 아이콘을 클릭한다. 유도기전력 발생 구간을 적분하는 영역으로 설정한 후 Display area under active data( ) 아이콘을 클릭하여 유도기전력의 면적을 구한다.

⑦ 유도기전력 발생 구간의 시간($\Delta t_1,$ Δt_2)을 구하기 위해서 를 클릭하고 Add Coordinates/Delta Tool을 선택한다. 그래프에 나타난 좌표점을 시작점으로 드래그한다. 시작점을 클릭하여 Show Delta Tool을 선택한 다음, 좌표점을 알고자 하는 구간의 끝점으로 드래그하여 클릭하면 끝점을 설정할 수 있다. 설정 후 시간과 전압의 델타값, 즉 검은색 직사각형에 뜨는 Δx와 Δy값을 확인한다.

⑧ ⑥에서 구한 면적과 ⑦에서 구한 시간을 이용하여 유도기전력을 계산한다. '+'와 '-'의 전압의 평균 유도기전력을 구한다. Δt와 자기장의 세기(B)를 이용하여 계산한 유도기전력을 비교한다.

⑨ 유도코일의 각도를 변화시키면서 ④~⑦ 실험을 반복하고 그 결과를 비교 분석한다.

결과보고서11. 패러데이의 유도법칙

학과 : 학번 : 이름 :

실험 날짜 : 공동 실험자 :

1. 실험결과 및 분석

자기장의 세기(B) = T

유도코일의 감은 횟수(N) =

유도코일의 면적(A) = m^2

[표 1] 회전 각도에 따른 유도기전력

회전 각도 [°]	Integration (first peak) ($V_1 \times \Delta t_1$)	Δt_1 [s]	유도기전력 ($\overline{V_1}$)	Integration (second peak) ($V_2 \times \Delta t_2$)	Δt_2 [s]	유도 기전력 ($\overline{V_2}$)	Peak 전압[V]

[표 2] 평균 유도기전력

평균 유도기전력 ($\overline{V} = \frac{\overline{V_1} + \overline{V_2}}{2}$)(실험값)	$\Delta t = \frac{\Delta t_1 + \Delta t_2}{2}$	평균 유도기전력 ($\overline{V} = -\frac{NBA}{\Delta t}$)(이론값)	오차[%]

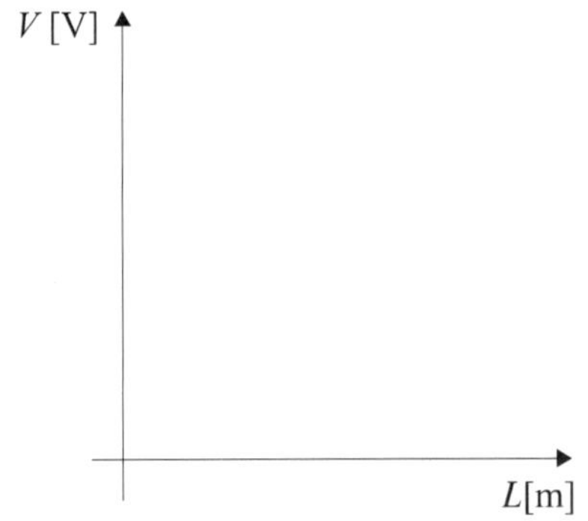

[그래프 1] 솔레노이드 위치에 따른 유도기전력

질문 1. 회전 각도에 따른 전체 자기선속의 변화량을 알아보자.

질문 2. 회전 각도에 따른 평균 유도기전력의 변화를 알아보자.

질문 3. 회전 각도에 따른 최고 유도기전력의 변화를 알아보자.

질문 4. 회전 각도에 따라 유도기전력의 변화가 생기는 이유는 무엇인가?

2. 실험결과에 대한 논의

실험12 유도기전력

1. 목적

교류전류를 인가하여 1차 솔레노이드 코일에 형성된 자기장에 의해 2차 코일에 유도되는 유도기전력을 측정한다.

2. 이론

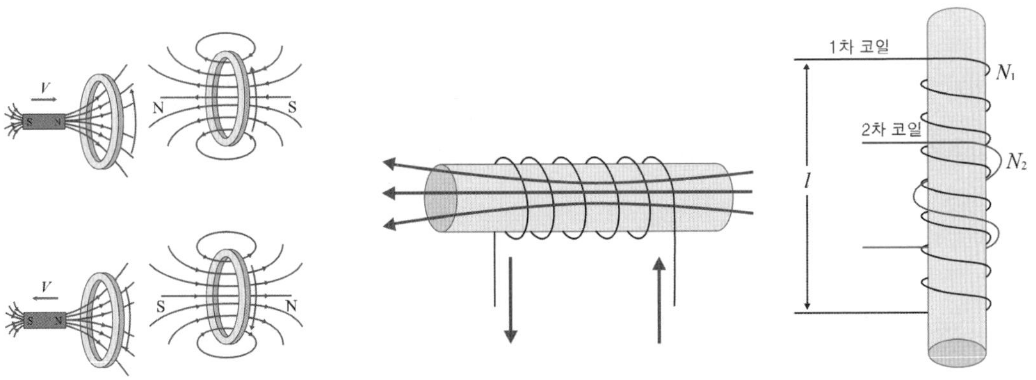

(a) 패러데이 법칙 (b) 자체 유도 (c) 상호 유도

[그림 1] 유도기전력

[그림 1(a)]와 같이 영구자석이 코일에 접근하거나 멀어지면 코일을 관통하는 자기선속이

시간에 따라 변화한다. 이 경우, 원형 코일에 자기선속의 변화를 방해하는 방향으로 유도기전력이 발생한다. 코일에 유도되는 기전력은 패러데이 법칙에 의해 식 (1)로 표현된다.

$$V = -N\frac{d\Phi_B}{dt} \tag{1}$$

여기서 N은 코일의 감은 횟수, 자기선속 Φ_B는 자기장의 세기에 코일의 단면적을 곱한 값이다. '-'는 유도기전력이 코일을 통과하는 자기선속의 변화를 방해하는 방향으로 나타남을 의미한다. 이것을 렌츠의 법칙이라고 한다.

[그림 1(b)]와 같이 원통형 코일에 흐르는 전류가 변화하면 코일을 통과하는 자기선속이 시간에 따라 변화하여 자기선속의 변화를 억제하는 방향으로 유도기전력을 발생시킨다. 이 현상을 자체 유도라고 하며, 이때 발생하는 유도기전력을 자체 유도기전력이라고 한다. [그림 1(c)]와 같이 1차 코일에 인가하는 전류를 변화시키면 1차 코일의 자기선속이 변하게 되며, 2차 코일을 통과하는 자기선속도 변한다. 이때 2차 코일에 자기선속을 억제하는 방향으로 유도기전력이 발생하는데 이를 상호 유도라고 하며, 여기서 발생하는 2차 코일의 기전력을 상호 유도기전력이라고 한다. 코일을 무한히 긴 솔레노이드라고 가정하면 1차 코일의 내부 자기장은 식 (2)와 같이 표현된다.

$$B_1 = \mu_0\frac{N_1}{l_1}i_1 = \mu_0 n_1 i_1 \tag{2}$$

여기에서 $\mu_0(=4\pi\times10^{-7}\mathrm{T\,m/A})$는 투자율, n_1은 1차 코일의 단위길이당 감은 횟수, i_1은 1차 코일에 흐르는 전류를 나타낸다. 2차 코일을 통과하는 자기선속은 식 (3)과 같다.

$$\Phi_2 = B_1 \bullet A_2 = \mu_0 n_1 i_1 \pi r_2^2 \tag{3}$$

여기에서 A_2는 2차 코일의 단면적, r_2는 2차 코일의 반지름이다. 1차 코일에 흐르는 전류가 교류라면 2차 코일에 유도되는 유도기전력은 식 (4)와 같다.

$$i_1 = i_0\sin\omega t$$

$$V_2 = -N_2\frac{d\Phi_2}{dt} = -\mu_0 N_2 n_1 \pi r_2^2 \omega\, i_0\cos\omega t = -\mu_0 N_2 n_1 \pi r_2^2 (2\pi f)\, i_0\cos\omega t \tag{4}$$

본 실험에서는 유도기전력이 교류신호로 측정되므로 측정된 값은 제곱평균 제곱근(rms: root mean square)값으로 최대 전압 또는 전류값의 $\frac{1}{\sqrt{2}}$이다.

$$(V_2)_{rms} = -\mu_0 N_2 n_1 \pi r_2^2 (2\pi f) i_0 (\cos\omega t)_{rms} = \mu_0 N_2 n_1 \pi r_2^2 (2\pi f)(I_1)_{rms} \quad (5)$$

3. 실험장치

1차 코일(유도코일의 지름=7cm, 감은 횟수=1,000회, 길이=50cm), 2차 코일 세트, 함수 발생기(또는 교류전원 공급장치), 멀티미터, 연결선

2차 코일 번호	지름(cm)	감은 횟수	길이(cm)
1	2	600	30
2	3	600	30
3	4	600	30
4	4	1,000	30
5	4	1,500	30

4. 실험방법

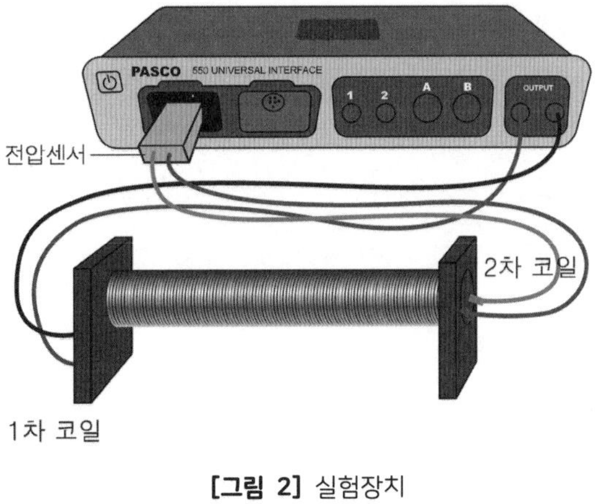

[그림 2] 실험장치

① 전압센서 인터페이스 1차 코일과 2차 코일(유도코일의 지름=4cm, 감은 횟수=600회, 길이=30cm)을 [그림 2]와 같이 연결한다.

② 프로그램 왼쪽의 Tools 중 상위에 있는 Hardware Setup(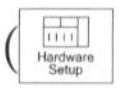)을 눌러서 인터페이스와 센서들이 잘 연결되어 있는지 확인한다. 연결이 잘되었다면 아래 그림과 같이 나타난다. 화면에서 왼쪽의 Signal Genetator(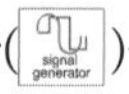)를 실행하여 주파수와 전압을 조절할 수 있다.

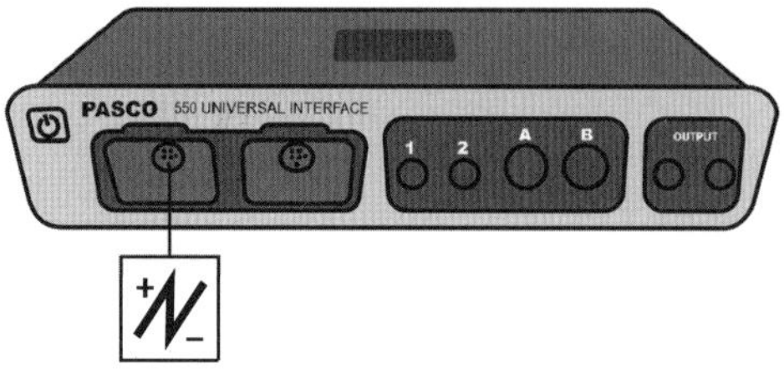

③ 인터페이스에서 발생되는 교류전압을 1차 코일에 인가한다.

④ 1차 코일에 의해 2차 코일에 상호 유도되는 기전력을 측정하고 이론적으로 계산한 유도기전력과 비교한다.

⑤ 1차 코일에 인가되는 교류신호의 주파수를 고정한 채 전류를 변화시키면서 ③~④ 실험을 반복한다.

⑥ 1차 코일에 일정한 주파수와 전류를 가진 교류신호를 고정시킨다.

⑦ 지름이 4cm인 코일의 감은 횟수를 변화시켜 가면서 2차 코일에 유도되는 기전력을 측정한다. 코일에 감긴 횟수와 유도전압 간의 관계를 그래프로 그려 본다.

⑧ 감은 횟수가 600회로 일정한 유도코일의 반지름을 변화시켜 가면서 2차 코일에 유도되는 기전력을 측정하여 유도코일의 반지름과 유도전압의 관계를 그래프로 그려 본다.

⑨ 코일의 내부를 연철로 모두 채우고 ③~⑤ 실험을 하여 연철의 투자율을 구해 본다.

⑩ 코일의 내부를 연철로 1/2만 채우고 ③~⑤ 실험을 하여 코일 내부의 투자율을 구해 본다.

결과보고서 12. 유도기전력

학과 : 학번 : 이름 :

실험 날짜 : 공동 실험자 :

1. 실험결과 및 분석

1) 1차 코일의 전류 크기에 따른 2차 코일의 유도기전력

1차 코일에 인가하는 교류전류의 주파수(f_1) = Hz

1차 코일의 단위길이당 감은 횟수(n_1) =

2차 코일의 감은 횟수(N_2) =

2차 코일의 반지름(r_2) = m

[표 1] 1차 코일의 전류 크기에 따른 2차 코일의 유도기전력

전압[V]	전류 I_1[A]	2차 코일의 유도기전력 V_2[V]		오차[%]
		측정값	이론값	

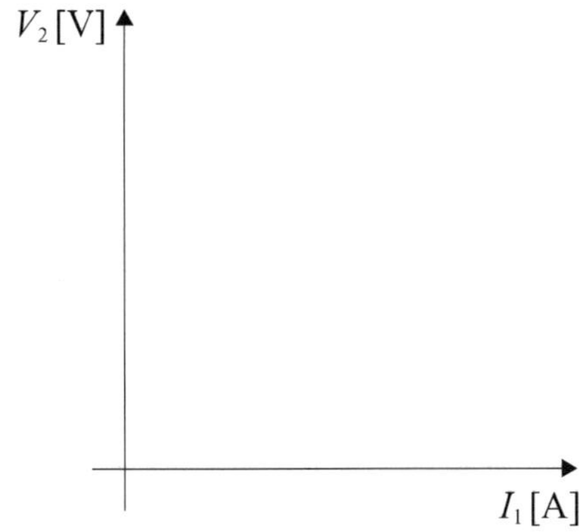

오차 = %

[그래프 1] 1차 코일의 전류와 2차 코일의 유도기전력

질문 1. 1차 코일의 전류에 의해 2차 코일에 유도기전력이 생기는 원리를 알아보자.

질문 2. 1차 코일의 전류 크기에 따른 유도기전력의 변화를 알아보자.

2) 2차 코일의 직경이 같은 경우

1차 코일에 인가하는 교류전류의 주파수(f_1) = Hz

1차 코일의 단위길이당 감은 횟수(n_1) =

1차 코일에 인가하는 교류전류의 크기(I_1) = A

2차 코일의 반지름(r_2) = m

[표 2] 2차 코일의 감은 횟수에 다른 유도기전력

2차 코일의 감은 횟수(N_2)	2차 코일의 유도기전력 V_2[V]		오차[%]
	측정값	이론값	

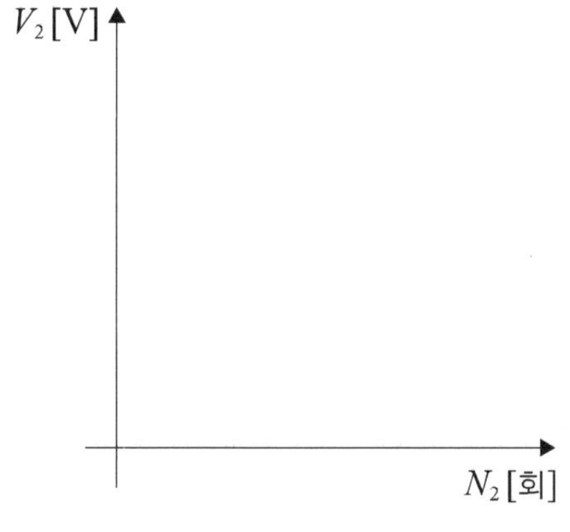

오차 = %

[그래프 2] 2차 코일의 감은 횟수와 유도기전력

질문. 2차 코일의 감은 횟수에 따른 유도기전력의 변화를 알아보자.

3) 2차 코일의 감은 횟수가 같은 경우

1차 코일에 인가하는 교류전류의 주파수(f_1) = Hz

1차 코일의 단위길이당 감은 횟수(n_1) =

1차 코일에 인가하는 교류전류의 크기(I_1) = A

2차 코일의 감은 횟수(N_2) =

[표 3] 2차 코일의 반지름에 따른 2차 코일의 유도기전력

반지름 r_2[m]	2차 코일의 유도기전력 V_2[V]		오차[%]
	측정값	이론값	

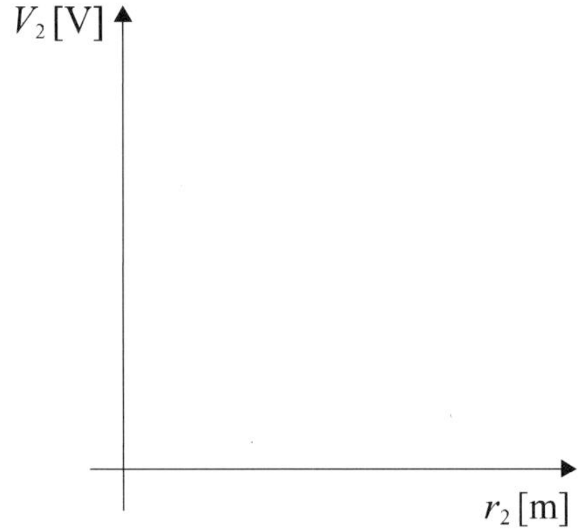

오차 = %

[그래프 3] 2차 코일의 반지름과 유도기전력

질문. 2차 코일의 반지름에 따른 유도기전력의 변화를 알아보자.

4) 코일의 내부를 연철로 모두 채운 2차 코일의 1차 코일 전류 크기에 따른 유도기전력

1차 코일에 인가하는 교류전류의 주파수(f_1) = Hz

1차 코일의 단위길이당 감은 횟수(n_1) =

1차 코일에 인가하는 교류전류의 크기(I_1) = A

2차 코일의 감은 횟수(N_2) =

2차 코일의 반지름(r_2) = cm

2차 코일의 유도기전력(V_2) = V

투자율 = T • m/A

질문 1. 솔레노이드 내부에 연철을 추가하면 어떻게 달라지는지 알아보자.

질문 2. 솔레노이드 내부의 연철에 따른 유도기전력의 변화를 알아보자.

5) 코일의 내부를 연철로 1/2만 채운 2차 코일의 1차 코일 전류 크기에 따른 유도기전력

1차 코일에 인가하는 교류전류의 주파수(f_1) = Hz

1차 코일의 단위길이당 감은 횟수(n_1) =

1차 코일에 인가하는 교류전류의 크기(I_1) = A

2차 코일의 감은 횟수(N_2) =

2차 코일의 반지름(r_2) = cm

2차 코일의 유도기전력(V_2) = V

투자율 = T • m/A

질문 1. 솔레노이드 내부에 연철이 일부만 들어 있는 경우 어떻게 달라지는지 알아보자.

질문 2. 실험4)와 비교해 보자.

질문 3. 솔레노이드 내부에 연철이 일부만 들어 있는 경우 유도기전력의 변화를 알아보자.

2. 실험결과에 대한 논의

실험13 교류 RLC 회로의 공명 특성

1. 목적

저항, 인덕터, 축전기가 연결된 RLC 직렬회로에 교류전압을 인가할 때 교류전압의 주파수 변화에 따라 회로에 흐르는 전류를 측정하여 RLC 직렬회로의 공명 특성을 이해한다.

2. 이론

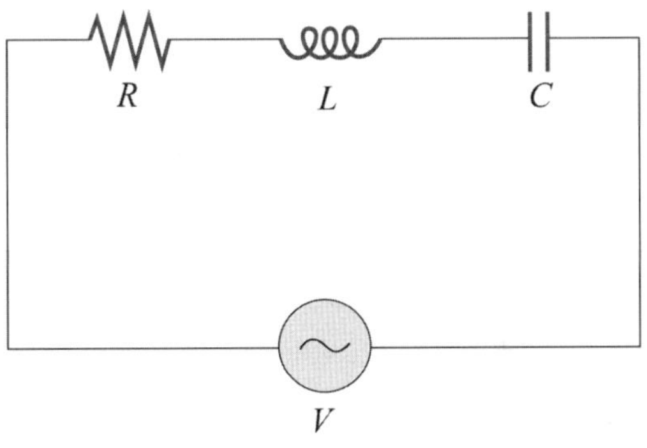

[그림 1] RLC 직렬회로

[그림 1]은 저항, 인덕터, 축전기가 직렬로 연결된 RLC 직렬회로이다. 회로에 전류 I가 흐르면 회로의 전체전압 V는 $\vec{V} = \vec{V}_R + \vec{V}_L + \vec{V}_C$가 된다.

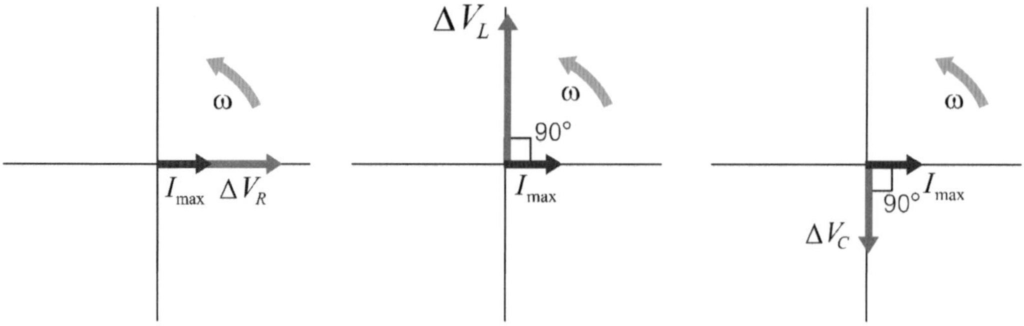

(a) 저항 (b) 인덕터 (c) 축전기

[그림 2] RLC 직렬회로에서의 전류와 전압의 위상

저항 R에 걸리는 전압은 $V_R = IR$이고 [그림 2(a)]와 같이 전류와 전압의 위상은 같다. 인덕터 L에 걸리는 전압은 $V_L = L\frac{dI}{dt}$이며, [그림 2(b)]와 같이 전압과 전류의 위상이 90° 차이가 나며, 전압이 전류보다 위상이 뒤처진다. 축전기 C에 걸리는 전압은 $V_C = \frac{1}{C}\int Idt$이며, [그림 2(c)]와 같이 전류와 전압의 위상은 90° 차이가 나며, 전압이 전류보다 위상이 앞선다. 만약 회로에 흐르는 전류를 $I = I_{max}\sin\omega t$라고 하면 전체전압 V는 식 (1)과 같다.

$$V = V_{max}R\sin\omega t + \omega L I_{max}\cos\omega t - \frac{1}{\omega C}I_{max}\cos\omega t$$
$$= I_{max}\left[R\sin\omega t + \left(\omega L - \frac{1}{\omega C}\right)\cos\omega t\right] \quad (1)$$

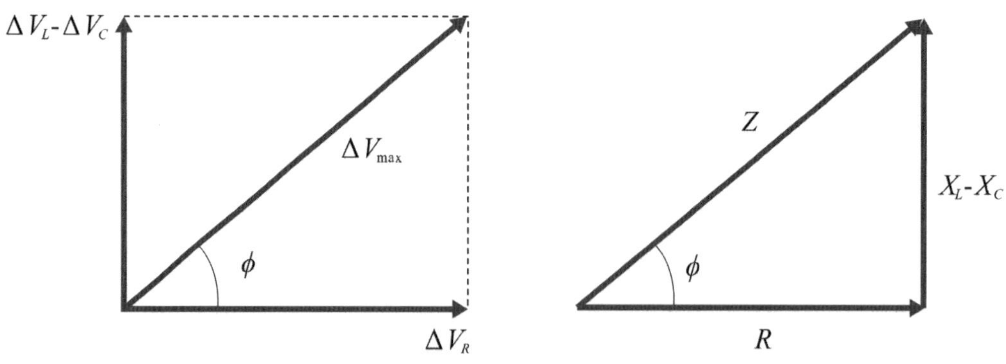

(a) 저항, 축전기, 인덕터 전압, 전체 전압 (b) 저항, 용량 리액턴스, 유도 리액턴스, 임피던스

[그림 3] 전압과 임피던스

저항의 전압과 축전기-인덕터 전압은 위상차가 90°이며, [그림 3(a)]와 같이 벡터합으로 전체 전압을 구할 수 있다. 전체 전압과 저항의 전압 사이의 위상각은 ϕ로 표시된다. 전압을 전류로 나누면 [그림 3(b)]와 같이 저항값이 나타난다. R을 밑변, $X_L - X_c = \omega L - \dfrac{1}{\omega C}$을 높이, ϕ를 위상각으로 하는 직각삼각형의 삼각함수 합성을 적용하면, 회로 내의 전압 V는 식 (2)와 같다.

$$V = I_{\max}\sqrt{R^2+\left(\omega L-\frac{1}{\omega C}\right)^2}\sin(\omega t+\phi) \tag{2}$$

여기서 $\phi = \tan^{-1}\left(\dfrac{\omega L-\dfrac{1}{\omega C}}{R}\right)$은 전류와 전압의 위상차이고 $X = \omega L - \dfrac{1}{\omega C}$은 리액턴스(Reactance), $Z = \sqrt{R^2+\left(\omega L-\dfrac{1}{\omega C}\right)^2} = \sqrt{R^2+X^2}$은 회로 내의 전압과 전류의 비, 즉 임피던스(Impedance)이다.

회로에서 임피던스는 교류에 대해 저항으로 작용하며, 임피던스의 크기가 최소가 되면 전류값이 최대가 되며 평균 전력 역시 $P_{av} = (I_{rms})^2R$로 최대가 된다. 즉 $Z_{\min} = R$이면 $\omega_0 L-\dfrac{1}{\omega_0 C} = 0$이므로 $\omega_0 = \dfrac{1}{\sqrt{LC}}$이 된다. 이때의 진동수를 RLC 회로의 공명진동수라고 하며, 진동수가 공명진동수가 되면 회로에 전기적 에너지를 최대로 인가할 수 있다. 또한 [그림 4]의 각진동수와 평균 전력 그래프에서 곡선의 뾰족함은 차원이 없는 변수인 큐인자(quality factor, Q)로 표현된다.

$$Q = \frac{\omega_0}{\Delta\omega} = \frac{\omega_0 L}{R} \tag{3}$$

여기서 $\Delta\omega$는 반전력점(half power point)이며, 저항이 작을수록 곡선은 공명진동수 근방에서 뾰족해지고 Q값은 커진다.

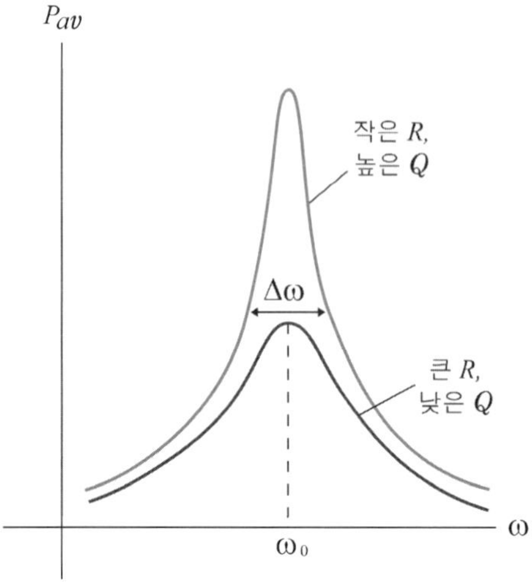

[그림 4] RLC 직렬회로에서 진동수에 따른 평균전력

3. 실험장치

전자실험기기 1대, 멀티미터, 저항 2개, 축전기 2개, 인덕터 2개, 함수 발생기, 오실로스코프

4. 실험방법

1) 공명주파수

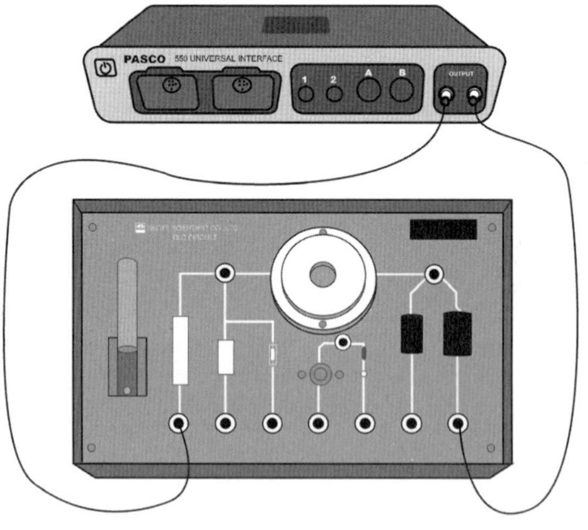

[그림 5] 공명주파수 측정을 위한 RLC 회로 실험장치

① RLC 회로, 전압센서, 인터페이스를 [그림 5]와 같이 설치한다.

② 프로그램 왼쪽의 Tools 중 상위에 있는 Hardware Setup( )을 눌러서 인터페이스와 센서가 잘 연결되어 있는지 확인한다. 연결이 잘되었다면 아래 그림과 같이 나타난다. 화면에서 Graph 아이콘을 드래그하여 전류(A)-주파수(Hz) 그래프를 만든다.

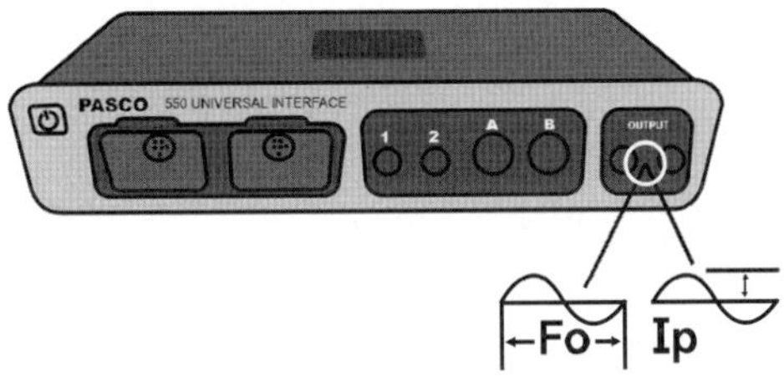

③ Signal Generator( )를 선택한다. Signal Generator에서 waveform을 sine으로 선택하고 진동수(Frequency)를 $100\mathrm{Hz}$, 전압(Amplitude)을 $6.0\mathrm{V}$로 조정한다. 인터페이스에 있는 Signal Generator의 바나나잭 부분을 [그림 5]의 선과 같이 회로에 연결한다.

④ 인덕터와 축전기의 값으로 이론적인 $f_0 = \dfrac{1}{2\pi}\sqrt{\dfrac{1}{LC}}$ 을 계산한다.

⑤ Signal Generator의 주파수를 증가시키면서 전류-주파수 그래프로 교류전류를 측정한다.

⑥ 주파수를 증가시키면서 전류가 최대가 되는 지점을 찾는다. 이 주파수가 공명주파수이다. 실험값과 이론값을 비교해 보자.

⑦ 저항, 인덕터, 축전기를 변화시키면서 ③~⑥ 실험을 반복하여 공명주파수를 구해 보자.

2) 위상각

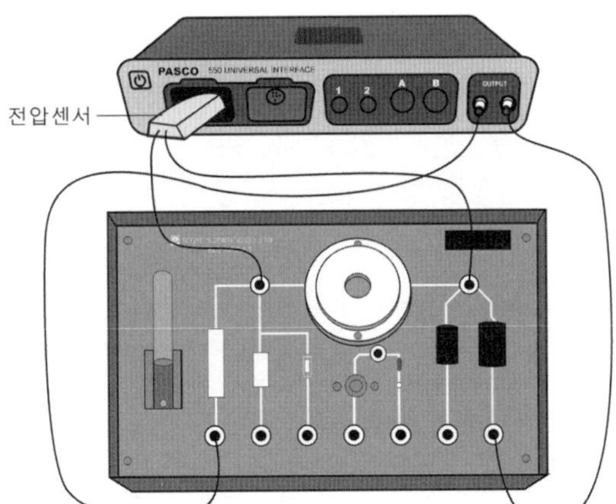

[그림 6] 위상각 측정을 위한 RLC 회로 실험장치

① RLC 회로와 전압센서를 인터페이스와 함께 [그림 6]과 같이 설치한다.

② 프로그램 왼쪽의 Tools 중 상위에 있는 Hardware Setup( )을 눌러서 인터페이스와 센서가 잘 연결되어 있는지 확인한다. 연결이 잘되었다면 아래 그림과 같이 나타난다.

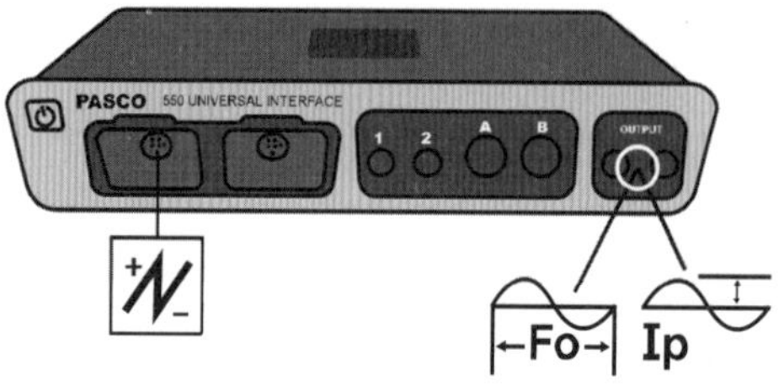

③ 주파수를 고정한 상태로 회로에 교류전압을 인가한다. 교류회로에 흐르는 전류와 저항, 코일, 축전기에 걸리는 전압을 측정한다.

④ 임피던스 Z와 위상차 ϕ를 계산한다. 멀티미터를 사용하는 경우 측정값은 모두 rms값이다. 오실로스코프를 사용하면 각 소자의 전압 파형을 측정하여 최대값과 위상 진동수를 확인할 수 있다.

결과보고서 13. 교류 RLC 회로의 공명 특성

학과 : 학번 : 이름 :

실험 날짜 : 공동 실험자 :

1. 실험결과

1) 공명주파수

[표 1] RLC 회로의 공명주파수

코일의 인덕턴스[H]												
축전기의 전기용량[F]												
저항[Ω]												
	실험값	이론값	오차[%]	실험값	이론값	오차[%]	실험값	이론값	오차[%]	실험값	이론값	오차[%]
공명주파수 (Hz)												

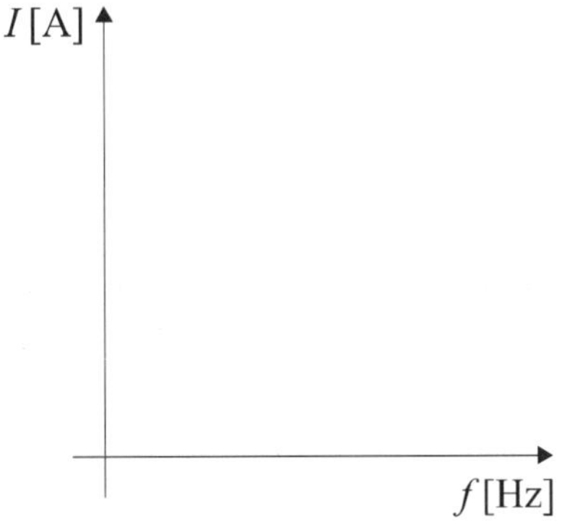

[그래프 1] 주파수와 전류

질문 1. RLC 회로에서 공명주파수가 무엇을 의미하는지 알아보자.

질문 2. RLC 회로에서 저항, 인덕턴스, 전기용량과 공명주파수의 관계를 알아보자.

2) 위상각

실험에 사용된 저항 = Ω

실험에 사용된 축전기의 전기용량 = F

실험에 사용된 코일의 인덕턴스 = H

[표 2] RLC 회로의 위상각

$Freq$[Hz]	I[mA]	V[V]	$Z(=\frac{V}{I})$	V_R[V]	V_L[V]	V_C[V]	ϕ

질문 1. RLC 회로에서 위상각이 무엇을 의미하는지 알아보자.

질문 2. RLC 회로에서 저항, 인덕턴스, 전기용량과 위상각의 관계를 알아보자.

2. 실험결과에 대한 논의

부록

A. 최소자승법

B. 단위환산표

C. 물리상수표

D. 물리적 성질

A. 최소자승법

실험에서 측정된 x와 y값의 상관관계가 이론적으로 직선의 방정식을 만족한다고 하면, 이 실험값을 가장 잘 나타내는 함수는 $y = mx + b$이다. 임의의 $(x_i,\ y_i)$에 대한 $mx + b$의 대한 편차를 Δy_i라 하자. 편차 Δy_i의 자승값의 합을 R이라 두면 R은

$$R = (\Delta y_1)^2 + (\Delta y_2)^2 + \cdots + (\Delta y_n)^2$$

이라 쓸 수 있다. 여기서 $\Delta y_i = y_i - (mx_i + b)$이므로 위 식에 대입하면

$$R = (y_1 - mx_1 - b)^2 + (y_2 - mx_2 - b)^2 + \cdots + (y_n - mx_n - b)^2$$

이 된다. 여기서 x_1, x_2, ⋯, xn, y_1, y_2, ⋯, y_n은 모두 측정된 실험값이므로 R은 두 변수 m과 b의 함수이다. R이 최소가 되려면 $\frac{\partial R}{\partial m}$과 $\frac{\partial R}{\partial b}$이 모두 0이 되어야 하며, 이는 아래와 같은 미분식으로 나타난다.

$$\frac{\partial R}{\partial m} = -2x_1(y_1 - mx_1 - b) - 2x_2(y_2 - mx_2 - b) - \cdots - 2x_n(y_n - mx_n - b) = 0$$

$$\frac{\partial R}{\partial b} = -2(y_1 - mx_1 - b) - 2(y_2 - mx_2 - b) - \cdots - 2(y_n - mx_n - b) = 0$$

Σ 표시를 사용하면 위 두 식은

$$m\sum x_i^2 + b\sum x_i = \sum x_i y_i$$
$$m\sum x_i + nb = \sum y_i$$

와 같이 간단히 표현된다. 위 식을 이용하여 m과 b를 풀면

$$m = \frac{n\sum_{i=1}^{n} x_i y_i - (\sum_{i=1}^{n} x_i)(\sum_{i=1}^{n} y_i)}{n\sum_{i=1}^{n} x_i^2 - (\sum_{i=1}^{n} x_i)^2}$$

$$b = \frac{(\sum_{i=1}^{n} y_i)(\sum_{i=1}^{n} x_i^2) - (\sum_{i=1}^{n} x_i)(\sum_{i=1}^{n} x_i y_i)}{n\sum_{i=1}^{n} x_i^2 - (\sum_{i=1}^{n} x_i)^2}$$

와 같이 구할 수 있다. 여기서 m은 직선의 기울기이고 b는 y축의 절편이다.

실험값들이 비선형적인 관계에 있다면 선형적인 관계로 바꾼 다음 최소자승법을 사용하여야 한다. 만약 $y = ae^{mx}$라면 양변에 로그를 취하여 $\log y = m \log x + \log b$와 같이 선형적인 형태로 바꾸어 사용해야 한다.

B. 단위환산표

길이	cm	m	in	ft	mi
1cm	1	0.01	0.3937	0.03281	6.214×10^{-6}
1m	100	1	39.37	3.281	6.214×10^{-4}
1in	2.540	0.0254	1	0.0833	1.578×10^{-5}
1ft	30.48	0.3048	12	1	1.894×10^{-4}
1mi	1.69×10^{5}	1609	6.336×10^{4}	5280	1

질량	g	kg	slug	oz	lb
1g	1	0.001	6.853×10^{-5}	3.527×10^{-2}	2.25×10^{-3}
1kg	1000	1	6.853×10^{-2}	35.27	2.25
1slug	1.459×10^{4}	14.59	1	514.8	32.17
1oz	28.35	2.835×10^{-2}	1.943×10^{-3}	1	6.259×10^{-2}
1lb	453.6	0.4536	3.108×10^{-2}	16	1

C. 물리상수표

물리 상수	기호	값	단위
진공 속에서 빛의 속력	c	3.00×10^{8}	m/s
진공투자율($4\pi\times 10^{-7}$)	μ_0	1.26×10^{-6}	N/A^2, H/m
진공유전율	ϵ_0	8.85×10^{-11}	F/m
기본전하량	e	1.60×10^{-31}	kg
양성자질량	m_p	1.67×10^{-27}	kg
중성자질량	m_n	1.68×10^{-27}	kg
전자의 비전하	$-e/m_e$	-1.76×10^{11}	C/kg
플랑크상수	$h/2\pi$	1.05×10^{-34}	J·s
몰기체상수	R	8.31	J/mol·k
아보가드로상수	N_A	6.02×10^{23}	mol^{-1}
스테판-볼츠만상수	σ	5.67×10^{-8}	W/m^2K^4
만유인력상수	G	6.67×10^{-11}	$m^3/s^2\cdot kg$
보어반지름	a_0	5.29×10^{-11}	m
전자자기모멘트	μ_e	9.28×10^{-24}	J/T
양성자자기모멘트	μ_p	1.41×10^{-26}	J/T
보어마그네톤	μ_B	9.27×10^{-24}	J/T
원자질량단위	u	1.66×10^{-27}	kg
전자볼트	eV	1.60×10^{-19}	J

D. 물리적 성질

물질명	원소기호	밀도 ρ(20℃) (g/cm^3)	선팽창계수 a ($10^{-5}K^{-1}$)	비열(20℃) (cal/g • K)	비저항 ρ(20℃) ($10^{-2}\Omega mm^2/m$)
아연	Zn	7.14	2.62	0.092	5.8
알루미늄	Al	2.70	2.4	0.21	2.7
우라늄	U	18.7	–	0.028	–
카드뮴	Cd	8.64	3.2	0.055	7.46
칼슘	Ca	1.55	2.2	0.16	4.5
금	Au	19.3	1.4	0.031	2.21
은	Ag	10.50	1.9	0.056	1.59
크롬	Cr	7.1	0.85	0.11	2.8
코발트	Co	8.8	1.3	0.10	6.8
수은	Hg	13.55	–	0.033	95.8
주석	Sn	7.31	2.7	0.054	11.5
텅스텐	W	19.3	0.43	0.032	5.51
철	Fe	7.86	1.2	0.107	10.5
구리	Cu	8.93	1.6	0.092	1.72
나트륨	Na	0.97	7.1	0.30	4.6
납	Pb	11.34	2.9	0.031	20.7
니켈	Ni	8.9	1.3	0.108	7.8
백금	Pt	21.37	0.90	0.032	10.8
마그네슘	Mg	1.74	2.6	0.25	4.6
몰리브덴	Mo	10.2	0.49	0.062	5.7